JN011165

中学受験専門塾
ジーニアス
立木秀知
Hidetomo Tachiki

実務教育出版

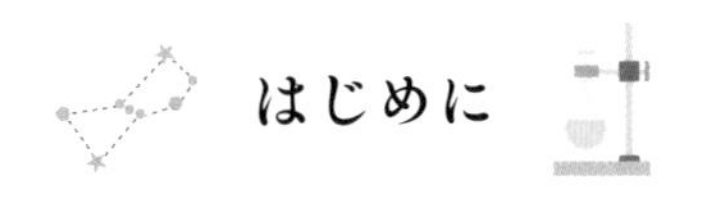

# はじめに

私たちは、雨が降れば傘を差し、服が汚れれば洗濯をします。
では、なぜ雨は降るのでしょうか。なぜ洗剤で洗濯をすると、服はきれいになるのでしょうか。

本書を執筆するにあたって、まず意識したのは、この「なぜ」という部分です。
単純な暗記作業は、苦痛であるばかりか、定着率も高くありません。
それに対し、「なぜ」、「どうして」と疑問を持ち、その疑問を解決する過程で知ったことは定着率も高いからです。

もっとも、身近な雨の話などとは違い、地層や天体はあまり日常生活との関わりもなく、そもそも疑問を持つことさえ少ないでしょう。
そこで、次に意識したのが「物語」です。
一般的に、「理科」と「物語」は親和性の低いものと考えられがちかもしれません。

しかし、地球や宇宙の履歴書である地層や天体、それは壮大な地球や宇宙の物語です。それと同時に、その謎に挑んだ人間の物語という側面もあります。さらにその裏には、それに関わる技術の発展の物語も隠れているのです。
こうした物語の一端を織り交ぜることで、知識という点を線にすることを意識しました。

じつは、この２点は普段ジーニアスで理科の授業をする時に意識していることでもあります。

私が理科で「物語」を語るのは、点を線にして記憶の定着をはかるという目的だけではありません。
たとえば、最初に紹介した「なぜ雨が降るのか」という疑問。
知っての通り、雨を降らすのは雲という小さな水や氷の粒の集まりです。それが上空に発生することで雨が降るのですが、ではなぜ空高くに水や氷の粒が発生するのでしょうか。
なぜ、発生した粒は空に浮いたままなのでしょうか。

「なぜ」の答えの先に、また「なぜ」がある「なぜと解決」の連鎖、この「なぜで紡がれる理科の物語」、それこそが理科の学習の本質だと考えているからです。

もちろん、そんな物語など読まなくても、雨は降りますし、洗濯をすれば服はきれいになります。だからこそ、この物語の最初の扉は重く、それを開こうとも思わない子どももたくさんいることでしょう。
しかし、最初の扉を開けば、そこには無限に広がる「理科の物語」の世界が待っています。

私は中学受験の理科講師ですが、その仕事は理科を「教える」ことではなく、この物語の重い扉を開く手助けをし、最初の数ページを楽しく読み聞かせ、楽しさに「気がつかせる」こと。そう思いながら、いつも授業をしています。
本書も中学受験のための本ですから、知識のまとめや暗記のテクニックなども紹介しています。が、その根底にある趣旨は授業と変わりません。

最後にもう一つ。
この物語をどこで完結させるかは読み手次第、自分の中で「なぜの連鎖」が途切れたところ、納得がいったところが完結です。
雨の話や洗濯の話は、いちおう本書で完結するように書いています。

しかし、無限に広がる「理科の物語」がそこで終わるわけではありません。さらなる疑問を持ち、その先をどこまで読むのかは読み手次第。そればかりか、望むならまだ誰も読んだことのない物語の語り部になることさえできるのです。

この本をきっかけに「理科の物語」の楽しさに目覚め、物語の新たな読み手、そして語り部が増えることを願っています。

中学受験専門塾ジーニアス
立木 秀知

# 本書の使い方

本書は、中学受験専門塾ジーニアスによる「理科　地学・化学」の授業を再現しました。ただ知識を教えるのではなく、理科の楽しさに気がついてもらい、自分で考えて解く力を身につけられるよう意識してまとめています。高校受験、大学受験を目指す中高生や、大人の学び直しにも大いに役立ちます。

## 1 ジーニアスの「理科　地学・化学」の授業を再現

「地学」3章分、「化学」2章分を、たくさんの図やイラストとともに、できるだけわかりやすく解説しました。入試でよく問われる重要部分は、色文字ゴシック＋波線で表記しています。

地学 1 大地

感じるかもしれないけれど、46億年生きている地球にとってはほんのわずかな時間にすぎません。

「自然の力は人間の力をはるかに上回る」「地球と自分の時間感覚は違う」。この二つを意識しておけば、これからの地層の学習を理解しやすくなります。

### 流水の3作用：侵食作用・運搬作用・たい積作用

さて、地層は海の底でつくられますが、地層をつくる材料は小石や砂、泥です。そして、それらの材料を海に運んでくるのが川です。

まずは、流れる水の三つの働きについて、勉強していきましょう。

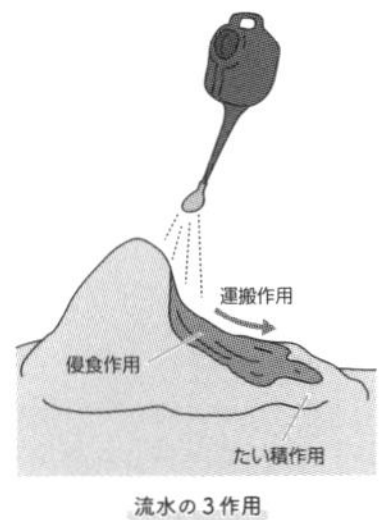


流水の3作用

砂場の山に水を流すことを想像してみてください。

まず、水の勢いで、砂の山の一部が削られるのは想像できますか？

この削る働きのことを、侵食作用と言います。

削られた砂は、下のほうに運ばれていきます。運ぶ働きは運搬作用です。さらに、流れてきたものが下のほうにたまっていく、この積もらせる働きをたい積作用と言います。

これが流れる水の三つの働きで、「流水の3作用」と言われています。

### 陸に近い順で、小石→レキ岩、砂→サ岩、泥→デイ岩になる

ところで、これが砂場で遊ぶ水ではなく、川だったらどうでしょうか？スケールが大きく変わるのが想像できますね。

降った雨が山の岩を削り、集まって川となり、削った岩を運ぶ。そして海に着いて積もらせる…。それが地層をつくる材料になっているのです。

材料の大きさは大小様々です。大きいほうから順に小石、砂、泥。

小石は、礫とも言います。「がれき」の「れき」です。泥の中でとくに粒の小さいものは、粘土と呼ばれています。

18

## 2 地学／化学のミニ COLUMN

文中に、やや高度すぎる、濃すぎる内容をミニコラムとしてまとめました。

**地学のミニCOLUMN**

「キョウリュウは、6600万年前(白亜紀末)の巨大隕石(小惑星)の衝突と、そのあとに起こった環境変化で絶滅したので示準化石になりました」。

先生がこう授業で話すと、「先生、鳥はキョウリュウだから絶滅なんてしてないよ」と教室にいるキョウリュウ博士に怒られます。最新の研究では、鳥類はキョウリュウの子孫。つまり、現代に生きるキョウリュウと考えられているので、「鳥類型キョウリュウ以外が絶滅したので示準化石になった」と言わなくてはいけませんね。ごめんなさい。

## 3 地学／化学の深掘り

知っておくと、より理解が深まる内容をまとめました。

食塩は氷を溶かすスピードを速めます。氷が溶けるためには熱が必要なので、その熱を周りから奪います。熱を奪う速度が速くなるため、周辺が0℃よりも低い温度になるのです。

## 4 難関中学の過去問トライ！

おさらいをかねて、実際の入試問題を使って力試しができます。解説を見て、本文内容をちゃんと理解できているかどうかを確認してみてください。

※小学生の読者のために、漢字表記に一部ふりがなを追加しております。
※とくに断りのない限り、入試問題の解説は公表されたものではありません。

**難関中学の過去問トライ！**（豊島岡女子学園中学）

下の図は、地球の北極上空から見た太陽・地球・月の位置関係を模式的に表したものです。以下の問いに答えなさい。

ア 月 イ ウ エ オ カ キ ク 地球 太陽 A B C D E F G H X

図

(1) 月が図のキの位置のときの月面上の点xは、月がウ、オの位置のときでは、A～D、E～Hのどの点にありますか。それぞれ選び、記号で答えなさい。

(2) 東京の真南の空に、上弦の月が見えました。この日から15日後の【月の形】をあ～きから、15日後の月が地平線からのぼってくる【時刻】をく～そから、最も適当なものをそれぞれ選び、記号で答えなさい。

【月の形】

あ い う え お か き

【時刻】 く. 午前3時頃　け. 午前6時頃　こ. 午前9時頃
さ. 正午頃　し. 午後3時頃　す. 午後6時頃
せ. 午後9時頃　そ. 真夜中頃

中学受験 「だから、そうなのか！」とガツンとわかる

# 合格する理科の授業 地学・化学編

もくじ

## 第1章 大地

地学

## 第2章 天体

地学

## 第3章 気象

化学

# 第1章 水と空気

化学

## 第2章 水溶液

編集協力：星野友絵・大越寛子（silas consulting）
イラスト：吉村堂(アスラン編集スタジオ)
カバーデザイン：井上新八
本文デザイン・DTP：佐藤純・伊延あづさ(アスラン編集スタジオ)
スペシャルサンクス：齋藤景・古田智之

# 大地

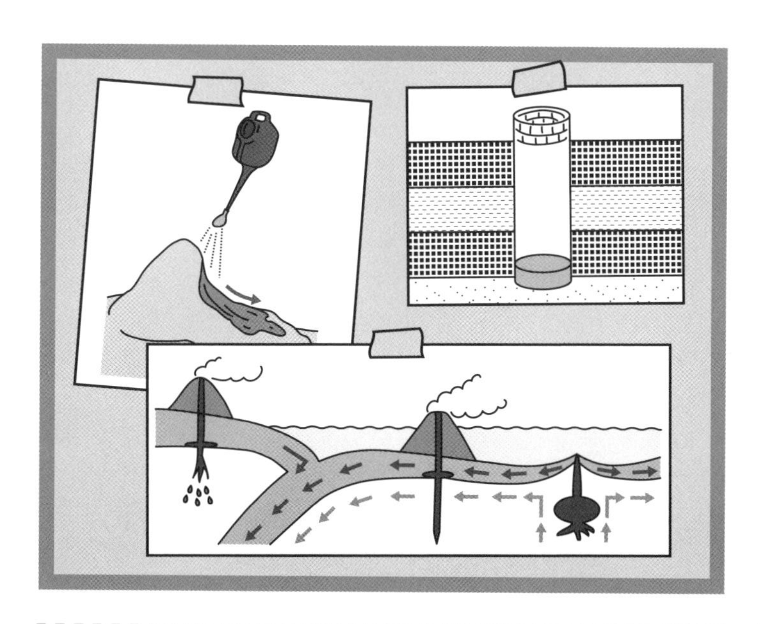

# 地層のでき方と岩石の分類

## 地層は泥や砂・小石などが積み重なった大地の模様

この前、640 年前に出された赤い光を見ました。

オリオン座のベテルギウスは赤く光る一等星です。地球までの距離は約 640 光年。室町時代に出た光は宇宙空間を旅し、令和の時代に生きる先生の目に届いたのです。

宇宙ができたのは 138 億年前、それから 92 億年もの時が流れた 46 億年前に私たちの住む地球は誕生しました。

地学は、そんな地球や星、宇宙について学ぶ学問です。

はるか昔のことを理解しようとする学問ではありますが、常に進化している分野でもあります。人類が南極点に到達してからまだ 100 年、衛星を打ち上げてから 50 年、深海や海底について詳細な研究を行うことができるようになったのはごく最近のこと。科学技術の発達とともに、日々新たな発見が繰り返されているからです。

この章では、中学受験に必要な内容をできうる限り最新の研究に即しながら説明していきます。一緒に私たちの住む地球のしくみをのぞき見ていきましょう。

まずは、地層の勉強から始めます。地層とは、崖などで見ることのできる大地の模様のことです。

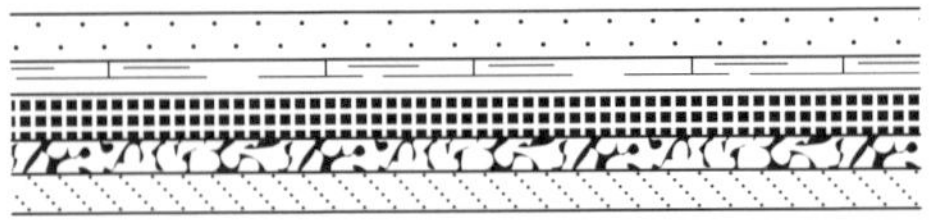

さて、問題です。なぜ模様が見えるのでしょうか？　それは、先生の大好きなミルクレープをイメージして考えれば、

すぐにわかりますよ。
　ミルクレープは、生クリームの層とクレープの層を交互に積み重ねた結果、模様が生まれます。
　地層は、生クリームやクレープではなく、泥の層や砂の層、小石の層などが順に積み重なった結果なのです。

## 地層の大部分は「海の底」でできる

　本格的に地層の勉強を始める前に、もう一つ質問します。
　みんなは、エベレストという山を知っていますか？　そう、世界で一番高い山ですね。
　では、そのエベレストが「少し前」まで「海の底」だったことは、聞いたことがあるでしょうか？
　え!?「そんなバカな」ですって？　これは本当の話です。

「海の底」だった証拠として、エベレストの山頂付近でヒトデの仲間やアンモナイトの化石が見つかった話は有名です。証拠は他にもありますよ。

　雪が積もっていない時、エベレストの山肌に地層を見ることができるのです。
　じつは、地層の大部分は海の底でつくられます。このことからも、エベレストが海の底だったことがわかります。
　海だった部分が世界一高い山になるのですから、自然の力のすさまじさを感じますね。

## 自然の力を感じつつ、時間の感覚を変えよう

　約 4000 ～ 5000 万年前まで海の底だったものが、大陸同士の衝突の力によって、数千万年かけて今の姿になりました。
「あれ？　さっき『少し前』って言っていなかったっけ？」と思いましたか？
　5000 万年前を「少し前」と表現するなんて、言いすぎかもしれませんね。
　でも、これから学習する地層や地球のことを考える時は、時間や力の感覚を少し変える必要があるのです。

　たとえば、「1 万年」の長さについて考えてみましょう。
　10 年ほどしか生きていないみんなにしたら、1 万年は果てしない時間に

感じるかもしれないけれど、46億年生きている地球にとってはほんのわずかな時間にすぎません。

「自然の力は人間の力をはるかに上回る」「地球と自分の時間感覚は違う」。この二つを意識しておけば、これからの地層の学習を理解しやすくなります。

## 流水の3作用:侵食作用・運搬作用・たい積作用

さて、地層は海の底でつくられますが、地層をつくる材料は小石や砂、泥です。そして、それらの材料を海に運んでくるのが川です。

まずは、流れる水の三つの働きについて、勉強していきましょう。

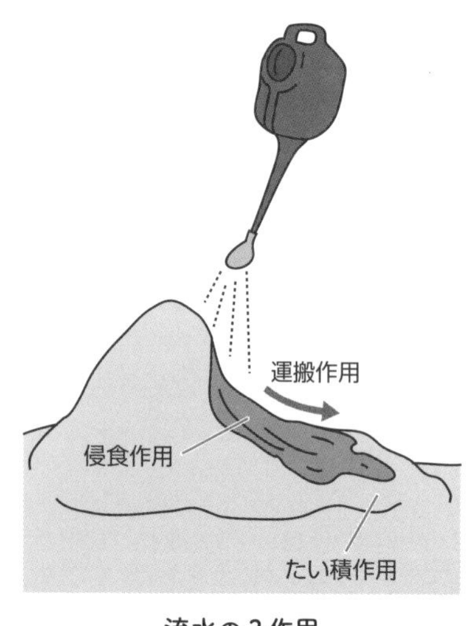


流水の3作用

砂場の山に水を流すことを想像してみてください。

まず、水の勢いで、砂の山の一部が削られるのは想像できますか?

この削る働きのことを、**侵食作用**と言います。

削られた砂は、下のほうに運ばれていきます。運ぶ働きは**運搬作用**です。さらに、流れてきたものが下のほうにたまっていく、この積もらせる働きを**たい積作用**と言います。

これが流れる水の三つの働きで、「**流水の3作用**」と言われています。

## 陸に近い順で、小石→レキ岩、砂→サ岩、泥→デイ岩になる

ところで、これが砂場で遊ぶ水ではなく、川だったらどうでしょうか?スケールが大きく変わるのが想像できますね。

降った雨が山の岩を削り、集まって川となり、削った岩を運ぶ。そして海に着いて積もらせる…。それが地層をつくる材料になっているのです。

材料の大きさは大小様々です。大きいほうから順に小石、砂、泥。

小石は、礫とも言います。「がれき」の「れき」です。泥の中でとくに粒の小さいものは、粘土と呼ばれています。

さて、小石、砂、泥が河口まで運ばれてきたとします。
海には川のような流れがないので、河口でそれぞれがポーンと投げ出されるようなもの。そうすると、重いものは河口の近くに、軽いものは遠くに落ちるのがイメージできるでしょう。
そのため下図のように、陸に近いほうから小石、砂、泥の順に積もります。それが積み重なっていくと、下にたい積したものが上のものの重さを受けて押し固められていきます。そして、長い年月をかけて岩石になるのです。

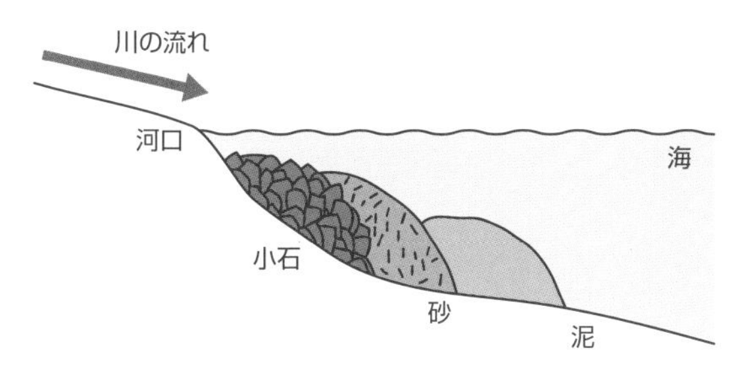


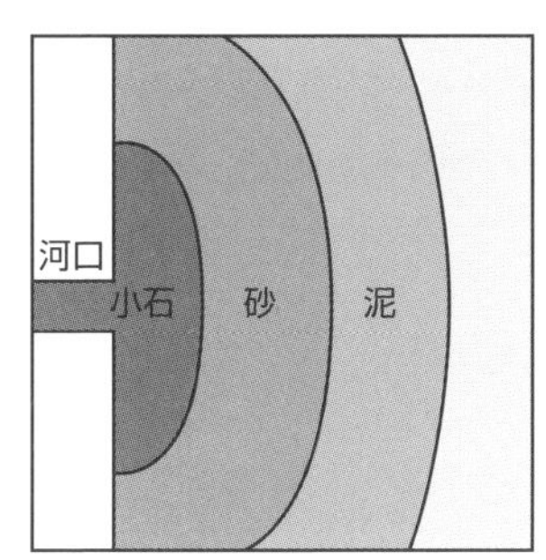


| | 小石 | 砂 | 泥 |
|---|---|---|---|
| 海面からの深さ | 浅い ⟷ 深い | | |
| 河口からの距離 | 近い ⟷ 遠い | | |

| | |
|---|---|
| **レキ岩**（礫岩） | 小石が岩石になったもの |
| **サ岩**（砂岩） | 砂が岩石になったもの |
| **デイ岩**（泥岩） | 泥が岩石になったもの |

積もる位置を海面からの深さと河口からの距離に注目してまとめると、上の表（左）のようになります。

## 地層は海面の高さの変化によってできる

ミルクレープの例で話したように、縞模様は積もるものが変わるからできるものです。同じものが同じ場所に積もるだけでは、縞模様はできません。

では、もし海面の高さが変化したらどうでしょうか？
海面が今より高くなれば、それまで砂が積もっていたところはもう少し深くなるので、泥が積もるようになります。
逆に、海面が今より低くなれば、それまで砂が積もっていたところが少し浅くなるので、小石が積もるようになります。

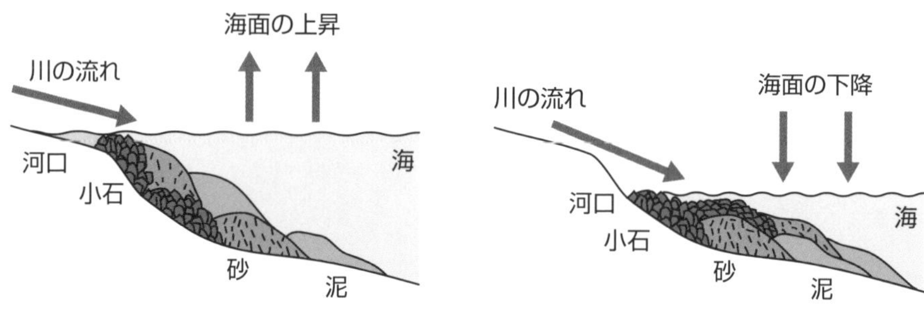


海面の高さが変化すると積もるものが変化する

海面の高さの変化は、主に**地面が上がったり下がったりすることで起こります**。このように積もるものが変わることで、地層になっていくのです。

## 地層から、海の深さの変化を考えよう

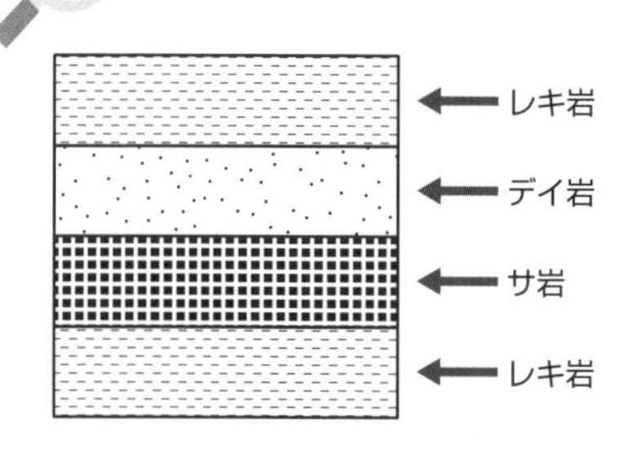


では、ここで問題です！

左図のような地層が見つかったとしましょう。この場所の海の深さはどのように変化したのでしょうか？

まず、**地層は基本的に下の層ほど古い時代のものになる**ので、下から上に積もっていったと推測(すいそく)していきます。

小石、砂、泥(どろ)についてまとめた前ページの表を使って考えましょう。

まず、レキ岩が一番下にありました。小石は河口から近い、浅いところにたまるので、最初は海が浅かったと考えられますね。

次にサ岩の層ということは、最初より河口から離れ、少し深いところで積もったことがわかります。

さらに、その上にあるのがデイ岩の層。河口から遠いところで積もるので、この時には海がかなり深くなっていたのでしょう。

そして、最後にまたレキ岩の層になっています。これは、海面が急激に下がって、海が浅くなったという証拠(しょうこ)です。

まとめると、解答は「この地点は、最初は浅い場所にあったが、徐々に深くなっていき、ある時急激にまた浅くなった」になります。

もし、河口からの距離(きょり)を問われたら「この地点は、最初に河口の近くであっ

たが、徐々に離れていき、ある時急激にまた河口に近くなった」という解答になるでしょう。

**地学のミニCOLUMN**

地面の高さの上下がないような地域でも、積もるものが変化することもあります。たとえば、川の流れが普段はとてもゆっくりな場合、河口にはほとんど泥しか運ばれてきません。

でも、大雨などで川の流水量が増えると、川の流れは速くなり、今まで運べなかった砂や小石が一気に運ばれて、たい積物が変わります。このような原因で地層がつくられる場合もあるのです。

## 岩はでき方で「たい積岩」「火成岩」「変成岩」に分類できる

さて、積もって岩石になるのは、小石、砂、泥だけではありません。

たとえば、火山灰が積もって岩石になることもあります。また、生物の死がいが積もって岩石になる場合もあります。

さらに、積もってできるのではなく、そもそもでき方が違う岩石もあります。マグマが冷えてできる火成岩や、一度できた岩石が高圧・高温によって別の岩石に変化した変成岩などです。

下表にまとめましたが、火成岩や変成岩は次回扱うので、今回はたい積岩についてもう少し話をしていきますよ。

**● 岩石の分類**

| | | | |
|---|---|---|---|
| 岩石 | たい積岩（積もってできた） | | **デイ岩（泥）** |
| | | | **サ岩（砂）** |
| | | | **レキ岩（小石）** |
| | | | **ギョウカイ岩（火山灰）** |
| | | | **セッカイ岩（サンゴなどの死がい）** |
| | | | **チャート（ホウサンチュウの死がい）** |
| | 火成岩（マグマ） | 火山岩 | リュウモン岩・**アンザン岩・ゲンブ岩** |
| | | 深成岩 | **カコウ岩**・センリョク岩・ハンレイ岩 |
| | 変成岩（変化） | | **大理石**（セッカイ岩から変化したもの） |
| | | | **ネンバン岩**（デイ岩から変化したもの） |

## たい積岩の分類法

前ページの表を見るとたい積岩は6種類ありますが、この6種類は大きく二つに分類できます。

デイ岩〜ギョウカイ岩は鉱物によってできていますが、**セッカイ岩とチャートは生物の死がいによってできている**からです。

鉱物でできている四つの岩石は、さらに二つのグループに分類されます。それは、「流水の働きを受けているもの」と「受けていないもの」です。

デイ岩・サ岩・レキ岩は、その岩石をつくる粒の大きさこそ違いますが、川に乗って運ばれてきたという共通点があります。上流から下流まで運ばれる中で、**ぶつかり合ったりして角が削られ、丸くなっていく**のです。

ですから、これらの岩石をルーペで観察すると、岩石をつくる粒の一つひとつが丸みを帯びています。

それに対して、**ギョウカイ岩は流れる水の働きを受けていません**。火山がボーンと噴火して、落ちてきてそのまま積もります。そのため、ギョウカイ岩をつくっている粒を見ると角張っているのです。

これは試験に出やすいから覚えておきましょう。下にまとめておきます。

- **デイ岩・サ岩・レキ岩…粒が丸みを帯びている**
- **ギョウカイ岩　　　　…粒が角張っている**

サンゴの死がいなどからできた**セッカイ岩の主成分は炭酸カルシウム**で、ホウサンチュウの死がいからできた**チャートの主成分は二酸化ケイ素**です。

## 天然水や地下水は水を通さないデイ岩の表面にたまったもの

ところで、先生はたまに「○○の天然水」や「△△の地下水」という名前のミネラルウォーターを飲むことがあります。

あの水はいったいどこから出てきたのでしょう？

なんとなく地下から湧いてきたのはわかるでしょうが、どうして地下から水が出てくるのか、わかりますか？

地表に降った雨はどんどん地面に染み込んでいきます。人間の目には地面のすき間は見えませんが、水はわずかなすき間をぬって染み込みます。

でも、そのまま地球の真ん中まで行くわけではありません。レキ岩やサ岩の層は水を通しますが、**デイ岩の層は水を通さない**からです。

これは、岩石をつくる粒の大きさに関係しています。

焼く前のピザの生地を思い浮かべてください。ピザ生地は小麦粉でつくりますが、あれをおわん型にすればそこに水をためることができそうですよね。

小麦粉の一粒はとても小さいので、そこに水を混ぜて押し固めると、水の通れるすき間がなくなるのです。

泥や粘土の粒もとても小さいので、それを押し固められてできたデイ岩の層も同じように水を通しません。

「先生～、粘土は大きいよ！」って思った人、もしや長方形のかたまりをイメージしていませんか？　学校で使う粘土は、すでに水と混ぜてピザ生地状態になったものです。粘土でつくった作品が乾燥すると、周りに粉のようなものが出てきますね。あの小さい粉が粘土の粒なのです。

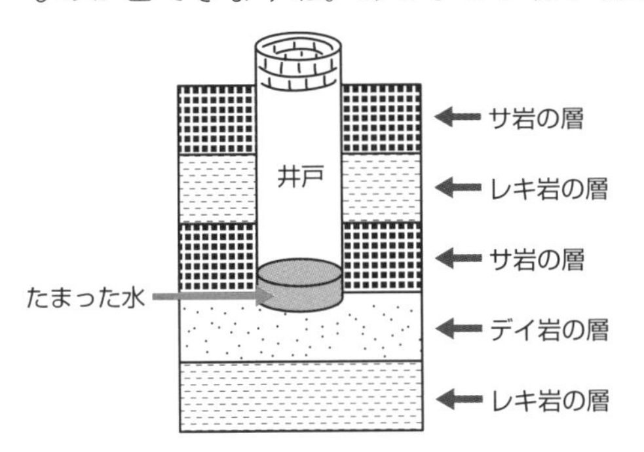


こうして、デイ岩の層の上にたまった水は、地下水や湧き水として利用されています。

ところで、本物の井戸は見たことがありますか？

デイ岩の層の上にたまった地下水をくみ出して使うものが井戸です。

## 地学のミニCOLUMN

サ岩やレキ岩のように水を通す層を透水層、デイ岩のように水を通さない層を不透水層と言います。地下にはたくさんの地層があるので、地表から最初の不透水層のさらに下にも不透水層があります。

その上にも流れ込んできた地下水がたまっています。その地下水は上下の不透水層にはさまれて大きな圧力を受けているので、掘り当てると、くみ出さなくても勝手に地上に噴き出してきます。

地表から最初の不透水層の上にたまった地下水は圧力を受けていません。ですから、くみ出して使う必要があるのです。

## 地球上で人が利用しやすい淡水は、わずか約0.01％

水の惑星とも呼ばれる地球ですが、地球上の水のほとんどは海水で、人間は飲めません。

わずかにある淡水もそのほとんどが氷の状態で、地下水や河川、湖沼などの水として存在する量は約0.8％にすぎないのです。

そして、その大部分は地下水のため、河川や湖沼など、人が利用しやすい状態で存在する水に限ると、その量は約0.01％と言われています。

地下水は掘らなくてはいけないので、河川の水などに比べて利用しやすいとは言えませんが、大きなメリットもあります。

それは、浄水場などで処理せずともそのまま飲めることが多い点です。

地表に降った雨は地面に染み込み、地層を通過していきます。それにより水と混ざっている不純物が分離され、きれいな水に変わっていきます。

実験ではろ紙を使ってろ過をしますが、地層はいわば天然のろ過装置なのです。

さらに、長い年月をかけて層を通過する間、水にその層をつくる鉱物の成分が溶け出します。これがミネラルウォーターです。ミネラルを日本語に訳すと「鉱物」。「鉱物水か…」と、ちょっと微妙な感じになるのは先生だけでしょうか。

では、ここで問題です。あるところに地層が見えている部分があり、湧き水が出ていました。下図の①～④のどこから湧き水が出てきたでしょうか？

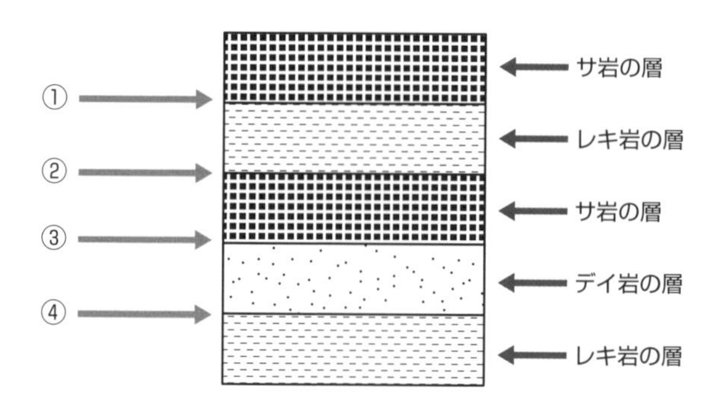


答えは③。デイ岩の層は水を通さないから、その上からちょろちょろと水が出てきます。地下水が自然に出てきたものが「湧き水」です。

## 地層の「整合」「不整合」から、過去の出来事が読み取れる

地層は、それぞれの部分にいろいろな名前がついています。そこから、様々な過去の出来事が読み取れるからです。

### ①整合

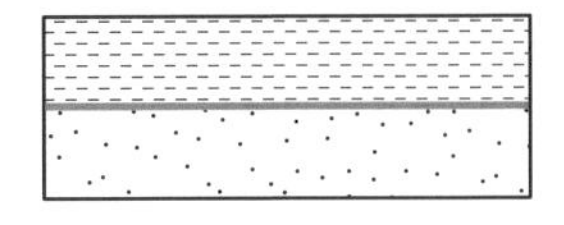

地層がたい積していく中で、積もるものが変わる時に別の地層がその上にできます。この二つの層の関係のことを**整合**と言います。これは、積もる深さや河口からの距離が変化した証拠でしたね。

### ②不整合

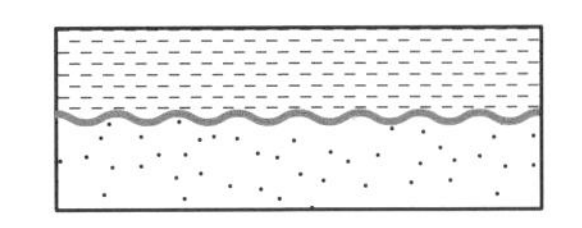

たい積した地層の上面が削れて、そのあと再び上に別の層が積もります。この古い地層と新しい地層の関係を**不整合**と言います。この不整合は、昔、土地が陸地になったという証拠でもあります。

## 「隆起」「沈降」から不整合面ができる

地層は海でできますが、大きな力がかかって地面がぐぐぐっと持ち上がることがあります。これを**隆起**と言います。隆起が起こることで、今まで海だった場所が陸になったりするのです。

そうすると、陸になった部分が雨や風で削られます。そのあとに、またこの地層が海に沈んでいき（**沈降**と言います）、その上に地層がたい積していくと、境界面が波打つようになります。この波打った境界面が**不整合面**です。

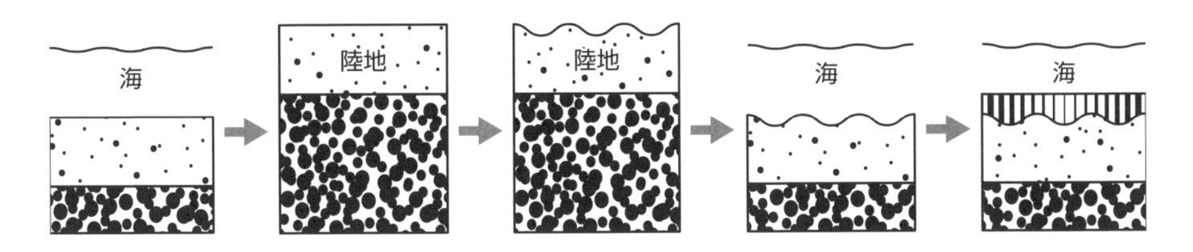


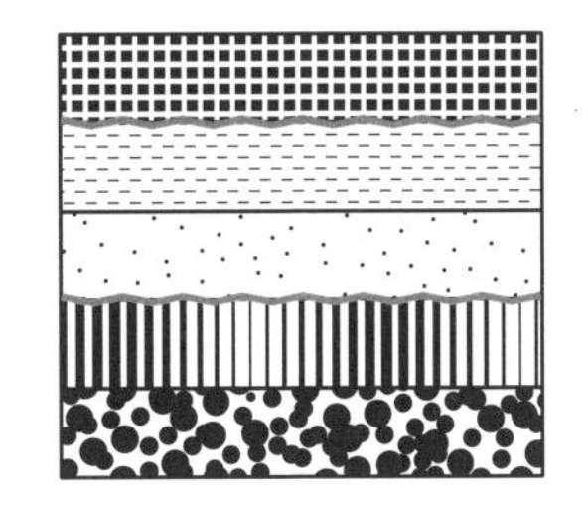

ここで問題です！　右のような地層の見える「崖」を見つけました。何回陸になったことがあるかわかりますか？

正解は３回。「えっ!?　不整合面が二つあるから２回じゃないの？」と思ったそこのあ

なた。もしかして今も陸になっているということを忘れていませんか？　過去に２回、そして今も陸地になっているので、合計３回です。

## 曲がった地層とずれた地層からわかること

地層に大きな力が加わると、地層が曲がったり、ずれたりします。もちろん人間の力でそんなことはできません。自然の偉大な力によるものです。

先生が毎日 1000 回の腕立て伏せを 50 年続けても、そんなことはできません。それに 50 年もしたら…たぶんお墓の中…。

### ①断層

地層に大きな力が加わって、地層がずれた状態を「断層」と言います。押す力が加わってできる断層が「逆断層」、引く力が加わってできる断層が「正断層」です。

最初に断層を調べた時に、引っ張られてできた断層が多かったから、引っ張るほうを正断層と名づけたと言われています。

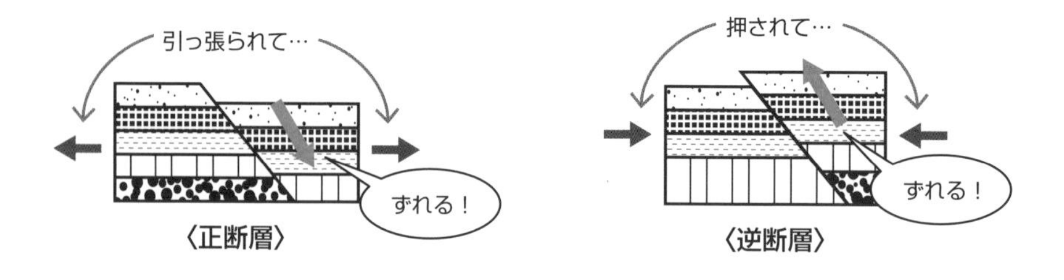


### ②しゅう曲

比較的やわらかい地層に力が加わった時に、ずれずにグニョッと曲がってしまうことを「**しゅう曲**」と言います。

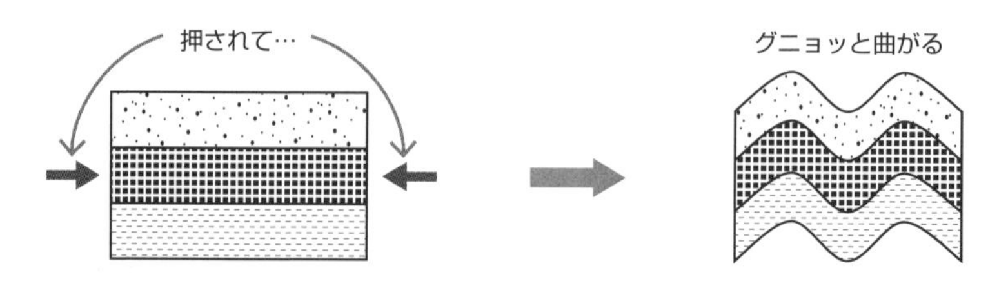


このように地層を調べることで、その土地で起きた様々な過去の出来事が読み取れます。地層は過去の出来事を記録したタイムレコーダーなのです。

## 新しく起きた現象は、過去の現象の影響を受けるはずがない

ただ、断層やしゅう曲がどのような順で起こったのかを理解するには、地層のできた順番を把握する必要があります。

とくに、断層やしゅう曲が複数回起こった場合には、その前後を判断する能力が必要になります。

図を使って、次の二つについて考えてみましょう。

- 左図では、しゅう曲している（あ）としゅう曲していない（い）はどちらが先にできたかな？
- 右図では、断層（う）と断層（え）はどちらが先にできたかな？

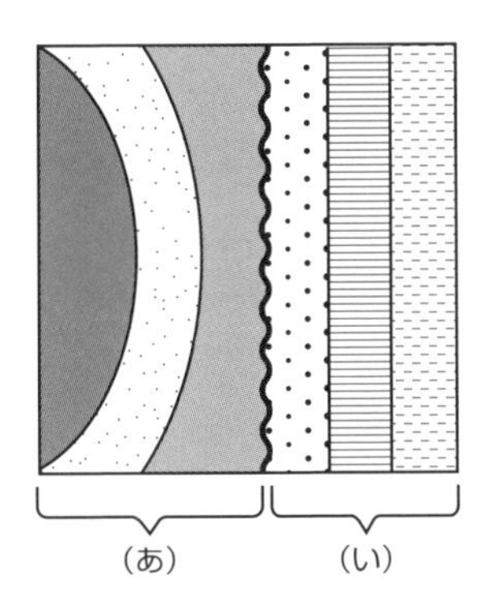


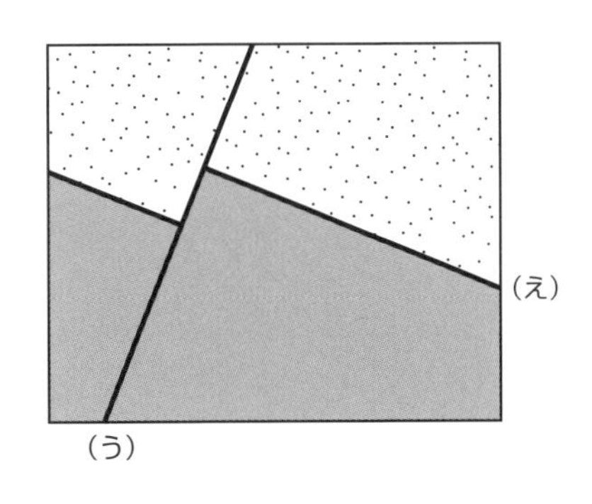


ここで大切なのは、「新しく起こった現象は過去の現象の影響を受けるはずがない」と考えることです。

左図の場合、（あ）と（い）の間には不整合面があり、（あ）のほうにしゅう曲をした地層があります。（い）のほうにはしゅう曲をしていない地層がたい積していますね。でも、不整合面はまったくしゅう曲していません。

このことから、「影響を受けていない不整合のほうが、あとでできた」と判断できるでしょう。

（あ）の地層ができた→しゅう曲した→不整合ができた→（い）の地層ができた、という順番になります。

では、右図の（う）と（え）についても、同じように考えてみましょう。（う）の線は1本の直線になっているけれど、（え）は途中で途切れていますね。つまり、（う）のほうが影響を受けていない新しい断層ということです。

これが理解できると、地層のできた時代の前後はだいたい判断できること

になりますが、ここで最後に注意してほしいのが地層の逆転です。

## 「地層の逆転」で、古い地層が上になることもある

ちょっと本か雑誌を用意してみましょう。あ、この本はダメですよ。別の本を地層だと思って見てくださいね。

たとえば、ここで地震が起こったとします。すると、地面にとても大きな力がかかるので、右図のように折れ曲がってしまうこともあるでしょう。

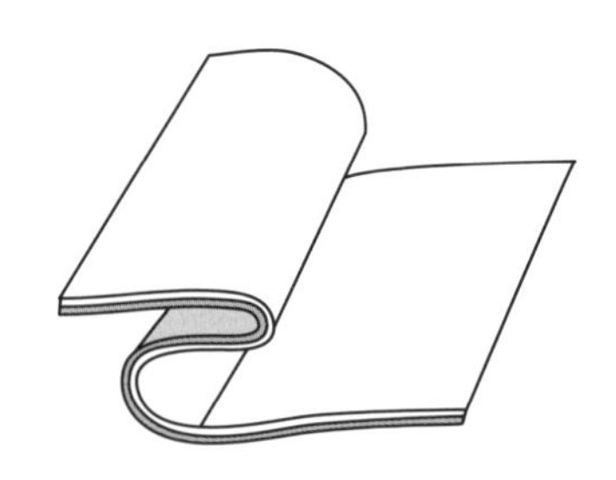

さあ、本の方向を変えて見てみてください。S字のようになっていますよね。

図の四角で囲んだ部分に注目しましょう。ほら、地層が逆転しています。

上だったところが下に、下だったところが上になってしまいました。「え!?　文字が読めない」って？　だからこの本でやっちゃダメだって言ったでしょ。

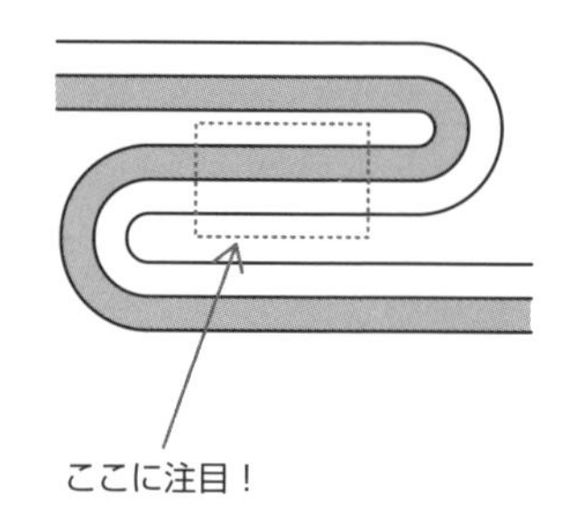


もちろん、基本的には下にあるものが古い地層ですが、地層の逆転が起きている場合は、上が古い地層になることもあるのです。

## 地層の逆転の判断方法

海に放出された砂や石は、ゆっくりと沈(しず)んでいきます。空気中では重いものも軽いものもほぼ同じ速度で落ちるのですが、水中では水の抵抗と浮力が働(はたら)くので、大きな粒(つぶ)ほど早く沈(しず)みます。

ですから、一つのレキ岩の層の中でも、よく見ると右の図のように下から上に向かって粒(つぶ)が徐々に小さくなっているのです。

これを級化(きゅうか)と言います。地層の上下の判別にはこの級化構造(きゅうかこうぞう)、つまり粒(つぶ)の大きさの違(ちが)いを使いましょう。

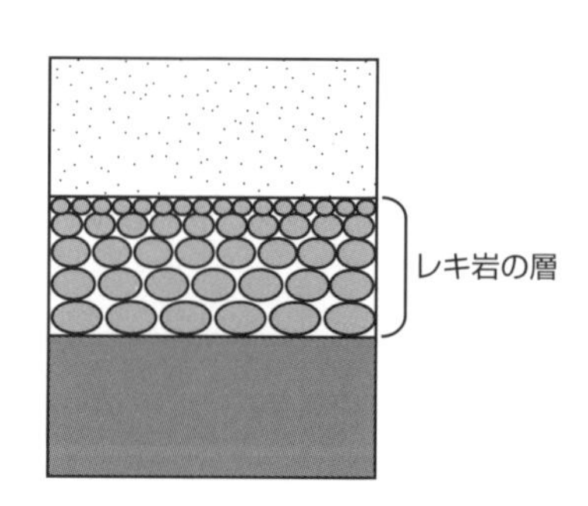

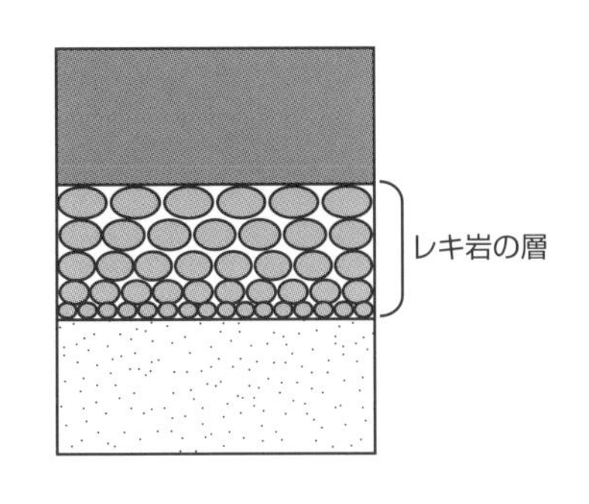


たとえば左の図では、上のほうが粒は大きくなっています。このことから、この地層がたい積した時は上のほうが海底だった。つまり上の地層が古く、下の地層が新しいと判断するのが正解です。

地層の新旧の判別には、不整合面にある動物の巣穴の向きや、各地層から見つかる化石を使う方法もあります。

次にまとめておくので、確認しましょう。

①基本は下から上に行くほど新しくなっている。つまり、下が古い。
②まれに地層の逆転が起こっていることがある。

見極める代表的な方法は三つ。
**A：レキの粒の積もり方を見る（粒の大きいほうが下）**
**B：動物の巣穴の向きを見る（穴が開いているほうが下）**
**C：化石を見る（古い時代の化石があるほうが下）**

他にもまだありますが、とりあえずはこの三つを押さえておけばOKです。

## 化石は地層に残る生物たちの記録

地層の中に生物の死がいが入っていることがあります。それが化石です。
地球では、過去に様々な生物が繁栄し、そして絶滅してきました。化石は、地層の中に残るその当時に生きた生物たちの記録なのです。

化石からわかる地球の歴史は、大きく三つに分けられます。古いほうから古生代、中生代、新生代です。
それぞれの時代に繁栄し、そして絶滅した生物の化石が見つかれば、その地層はその時代のものとわかります。
このように**地層の時代を知る手がかりになる化石**を**示準化石（標準化石）**と言います。

● 代表的な示準化石

| 古生代（〜約２億年前） | 中生代（約２億年前〜７千万年前） | 新生代（７千万年前〜） |
| --- | --- | --- |
| サンヨウチュウ | キョウリュウ | マンモス |
| | 出典：Scott Robert Anselmo | 出典：WolfmanSF |
| フズリナ | アンモナイト | カヘイセキ（貨幣石） |
| 出典：Wilson44691 | 出典：Maksim | |

示準化石となるためには、**数が多く、広範囲に分布し、生きている時代が短かった**という条件が必要です。

たとえば、サンヨウチュウは古生代の間に絶滅しているからこそ、サンヨウチュウの化石が見つかれば、古生代とわかるのです。

**地学のミニCOLUMN**

「キョウリュウは、6600万年前（白亜紀末）の巨大隕石（小惑星）の衝突と、そのあとに起こった環境変化で絶滅したので示準化石になりました」。

先生がこう授業で話すと、「先生、鳥はキョウリュウだから絶滅なんてしてないよ」と教室にいるキョウリュウ博士に怒られます。最新の研究では、鳥類はキョウリュウの子孫。つまり、現代に生きるキョウリュウと考えられているので、「鳥類型キョウリュウ以外が絶滅したので示準化石になった」と言わなくてはいけませんね。ごめんなさい。

## 地層ができた当時の環境は「示相化石」でわかる

示準化石に似た名前で**示相化石**というものがあります。

この化石が見つかると、時代ではなく、**地層ができた当時の環境がわかります。**

たとえばサンゴ。先生が突然ここで穴を掘って、深いところからサンゴの化石を見つけたとします。すると、「サンゴがあったということは、地層ができた当時、この場所は沖縄のように暖かい場所だったのだろうな」と考えられるわけです。

示相化石になるには、**数が多く、生息地域が限定されていて、生きている時代が長い**ことが条件になります。

サンゴは、今この時代にも生きていて、生態が把握でき、**浅くてきれいな温かい海**にしか生息していないから、その当時の環境が推測できるのです。

● 代表的な示相化石

| | |
|---|---|
| サンゴ | ①浅くて②きれいな③温かい海 |
| ホタテ | 冷たい海 |
| アサリ | 浅い海 |
| シジミ | 河口付近or淡水や汽水域の湖 |

### 難関中学の過去問トライ！ (麻布中学)

地球の表面の多くの場所も砂などの粒でおおわれていますが、その主なでき方は、かたい岩石が「風化」によってボロボロになることです。岩石はさまざまな種類の「鉱物」という粒がたくさんくっついてできていますが、風化によって、岩石が破片になったり、鉱物の粒にバラバラにほぐれたりするのです。こうしてできた破片や粒を「さいせつ物」といいます。さいせつ物が積もったものを、たい積物といい、それが固まってできた岩石を、たい積岩といいます。

問3　さいせつ物は、粒の大きさによって、れき・砂・泥に区分されています。この区分が粒の大きさによって行われていることは、たい積物やたい積岩を調べる際に、どのような点で役立っているでしょうか。適当なものを次のア～エから2つ選び、記号で答えなさい。

ア．さいせつ物が運搬される際、粒の大きさによって流されやすさが異なるため、粒の大きさによって、たい積したときの様子を知ることができる。

イ．さいせつ物は時間がたつほど細かくなるため、地球上のさいせつ物やたい積岩の粒の細かさによって、できた年代が古いかどうか知ることができる。

ウ．さいせつ物の粒の大きさによって、たい積物への水のしみこみ方が異なるため、地表での水はけの様子や、地下での水の動き方を知ることができる。

エ．さいせつ物は粒の大きさによって色が決まっているため、たい積物やたい積岩の見た目の色で、それを作っているさいせつ物を特定することができる。

## 解説

まず本文は、「さいせつ物」が固まると「たい積岩」になり、「たい積岩」がバラバラになると「さいせつ物」になる、ということを説明しています。そのうえで問題では、「さいせつ物」の大きさの違いが「たい積岩」を調べる際にどのような点で役立っているのかを聞いているのです。

選択肢を順番に見ていきましょう。

アは、粒の大きさの違いで積もった時の様子を知ることができるのでOKですね。

イは、確かに「さいせつ物」は時間がたつほど細かくはなりますが、「たい積岩」の粒の大きさは、岩石ができた時に積もった粒の大きさで決まるので時間がたっても変わりませんね。

ウは、粒の大きさの違いで水の染み込み方が異なり、それにより地表の水はけや地下水の様子を推測できるのでOKです。

エは、たとえば、粘土には黄色いものも茶色いものもありますよね？粒の大きさで色が決まったら、粘土は全部同じ色になってしまいます。

よって、正解は**ア・ウ**です。

# 火山と地震

## 地球のプレートの動きや地震、火山の噴火はなぜ起こる？

みんなも「プレート」という言葉や、「かつて大陸は一つだったけれど、それが分裂し移動して今みたいな形になった」「ハワイはどんどん日本に近づいている」といった話を、一度は聞いたことがありませんか？

でも、「プレートっていったい何？」「なんで大陸が移動するの？」「火山の噴火や地震はなぜ起こるの？」という疑問に、きっちり返答できる人は少ないんじゃないかな。

今回はその部分を勉強しましょう。どれも地球のしくみに関わる話です。

## 地球の「マントル」と「プレート」

一般的に、地球は岩石惑星に分類されるので、地球を大きな石ころのようなカチカチの固体としてイメージしがちですが、実際は違います。

地層は地球表面の地殻と呼ばれる部分にあります。ここはカチカチの固体です。地殻の厚さは30km ほどありますが、割合で言えば卵の殻程度もありません。

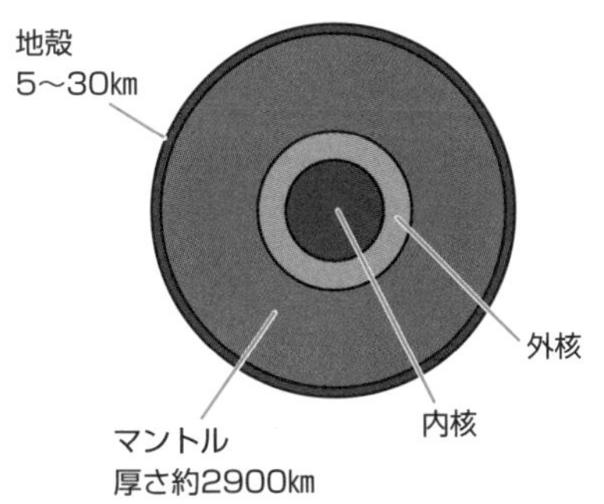


中心には、内核・外核という金属でできた核があります。

その外側にあるマントルは地球の大部分を占め、中心付近は約 3500℃、地表付近では約 1500℃と温度差があるので、対流をしています。

マントルは、固体と液体の中間の水あめのような状態をイメージするとよいでしょう。地下深くの高い圧力を受けて、高温でドロドロしているので、固体なのに対流するのです。

ただ、かなり地表に近い部分では、マントルが地殻と同じようにカチカチになります。このカチカチになったマントルと地殻を合わせた部分を**プレー**

トと呼んでいます。

**プレートとは、地殻とマントル上部が一体となったもの**なのです。

プレートがマントルの対流にひきずられて動くという考え方が「プレートテクトニクス」です。このプレートテクトニクスの考え方が広まったことで、それまで別個のものとして考えられていた火山や地震などの現象を、同じ視点で理解することが可能になりました。

## 海底（海洋プレート）は、海嶺で生まれて海溝に沈む

プレートには、海洋プレートと大陸プレートがありますが、ここでは海の底にある海洋プレートを中心に説明します。海洋プレートは、簡単に言うと海底のことです。

技術が進み、海底の調査が可能になると、場所によって海底のつくられた年代に違いがあることがわかりました。

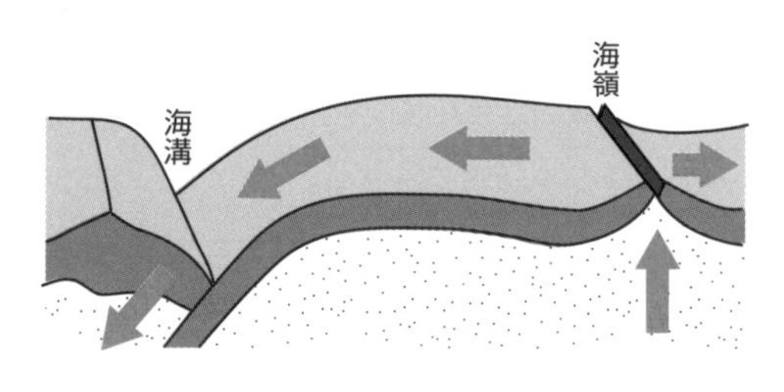


海嶺に近い場所ほど、地質年代が新しかったのです。

海嶺は、海底の山脈のことで、海底火山がたくさんある火山連邦です。

海底はここで産まれていたのです。

同じく、海底が消滅する場所も判明しました。それが海溝です。

海嶺で誕生した海底は、少しずつ動いて移動し、数億年かけて海溝に沈み込み、また内部でドロドロになるのです。

### 地学のミニCOLUMN

海溝付近では、この沈み込んでいくプレートの作用がマグマを生み、火山をつくる原因にもなっています。マグマは固体だったマントルが液体になったもので、プレートとともに沈み込む水が、マントルの密度や圧力に変化を加えてマグマができると言われていますが、くわしい生成のされ方についてはいろいろな説があるので、まだはっきりしたことはわかっていません。人間が穴を掘れるのはせいぜい10㎞程度なので、まだまだわからないことが多いのです。

## 日本の周りにあるプレート

日本列島周辺には、なんと４枚ものプレートがあります。

このうち、太平洋プレートとフィリピン海プレートが海洋プレートで、太平洋プレートの消滅する場所が日本海溝。フィリピン海プレートの消滅する場所が南海トラフです。

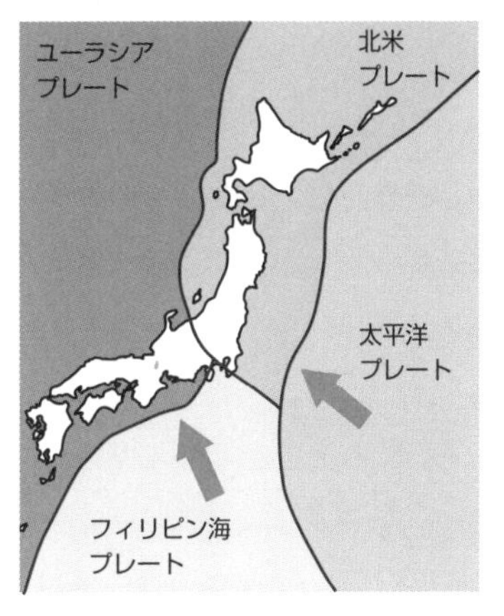


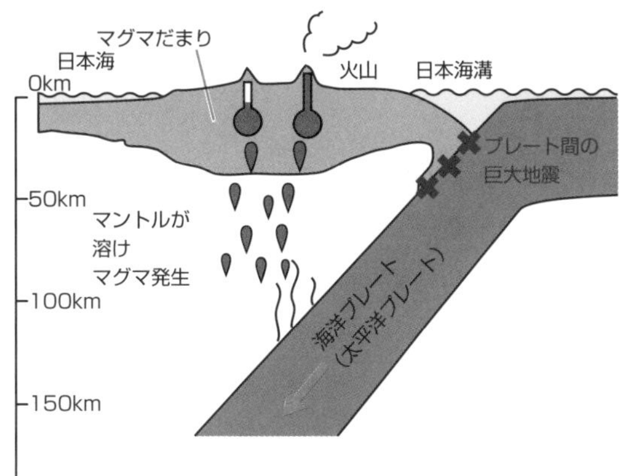


## 日本に火山が多いのは二つの海洋プレートが沈み込むから

沈み込んでいくプレートはマグマをつくるので、日本には多くの火山があります。次の世界地図を見てください。

火山のある場所に色をつけました。海をぐるっと取り囲むように、火山が並んでいるのがわかりますか？　海洋プレートの沈み込みで火山ができるところです。

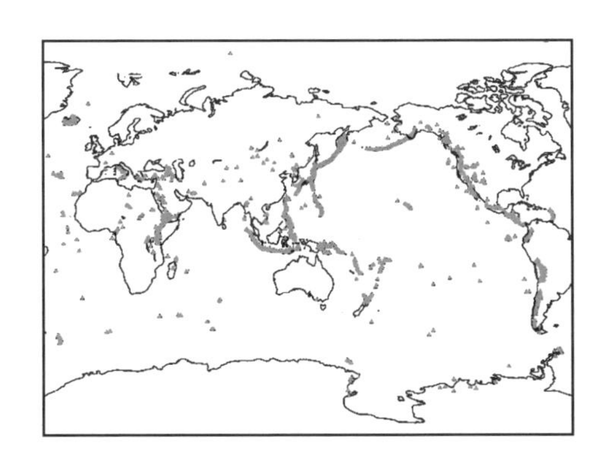

右上の図は日本付近の拡大図、まさに太平洋プレートとフィリピン海プレートの沈んだ先に、二つの火山帯があるのがわかりますね。

## 火山のできる場所

火山のできる場所は、海洋プレートが沈み込んでいくところ以外にもあります。

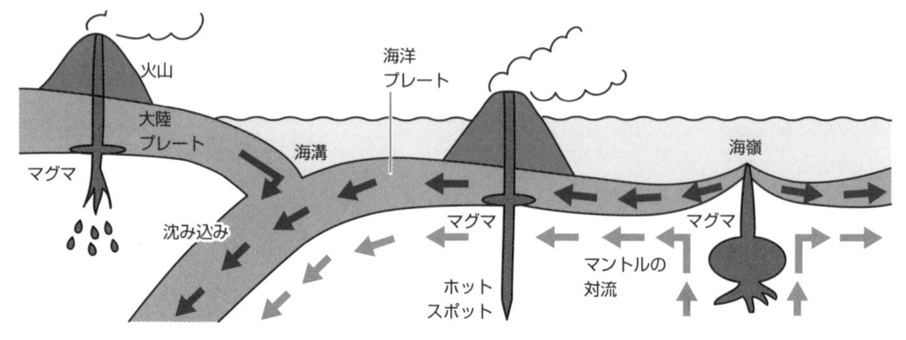


まずは、海底の誕生する海嶺付近。海嶺は海底火山の集まった火山連邦でしたね。プレートが両側に広がるスタート地点の海嶺では、そのすき間を埋めるように絶えずマグマが噴出しています。

**地学のミニCOLUMN**

海嶺の地下では、マントル内部の対流によって、高温の岩石が上昇しています。地下深くの高温の岩石は、上昇することによってかかる圧力が低下し、一部が溶けてマグマになるのです。

海底に噴き出したマグマは、表面が急激に冷やされて固まりますが、すぐに割れ目が生じて、次々にマグマが流れ出るというしくみです。

他には、地中深くのマントルが湧き出して、勢い余って火山をつくってしまう「ホットスポット」。

ホットスポットはプレートより下にあるからほとんど動かず、その上をプレートが通過するたびに次々と新しい火山をつくります。こうしてできたのがハワイ諸島です。

数千万年前にハワイと同じホットスポットからできた天皇海山列は、プレートに乗って、なんと千島列島付近まで移動しています。

ではここで、入試

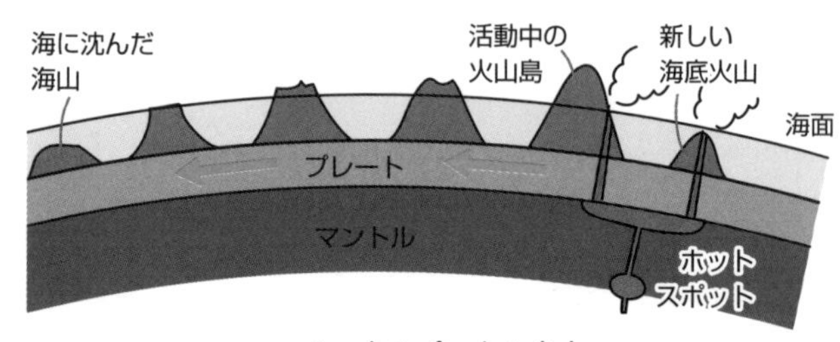


ホットスポットと火山

問題を使って理解を深めていきましょう。

## 難関中学の過去問トライ！ （洗足学園中学）

地球の表面は、何枚かの岩石の板によってジグソーパズルのようにおおわれています。この板のことをプレートと呼びます。プレートはそれぞれ非常にゆっくりと動いています。プレート同士がぶつかってプレートのどちらかが地中深くにしずみこんでいるところや、地球の内部から高温の物質がわき上がり、新しくプレートができているところがあります。このプレートの動きとは関係なく、固定された位置でマグマがわきでるところもあり、これをホットスポットと呼びます。

ハワイ島の近くにはホットスポットがあります。ホットスポットからふき出たマグマが冷え固まってできた岩石でハワイ諸島は形成されています。

図２はハワイ諸島の断面図を示したものです。図３はハワイ諸島や天皇海山列などの、海底のもりあがっている部分を模式的に示したものです。島の名称の下や横に、それぞれの島がおよそ何年前に形成されたかを示しています。

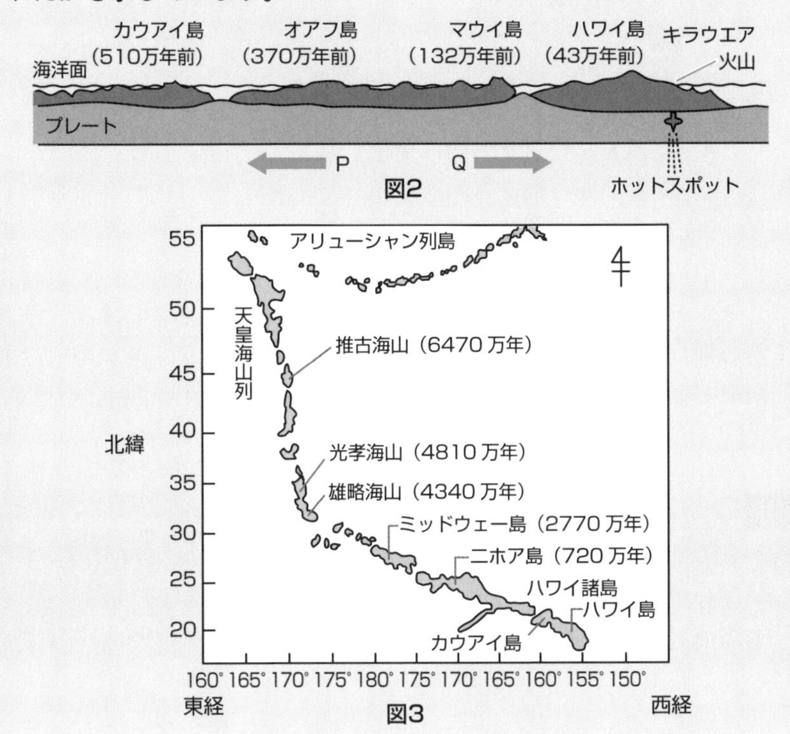


図2

図3

(5) 図2より、ハワイ諸島の下にあるプレートは、43万年前から現在までの間どの方向に進んでいたと推測できますか。適当なものを次より1つ選び、記号で答えなさい。

ア．Pの方向　　　　イ．Qの方向

(6) 図3より、ある時期にプレートの進む方向が変化したと推測できます。

①変化したのはおよそ何年前と推測できますか。適当なものを次より1つ選び、記号で答えなさい。

ア．720万年前
イ．2060万年前
ウ．4340万年前
エ．6470万年前

②プレートの進む方向はどのように変化したと推測できますか。もっとも適当なものを次より1つ選び、記号で答えなさい。

ア．北方向から北西方向へ変化した。
イ．北西方向から北方向へ変化した。
ウ．南方向から南東方向へ変化した。
エ．南東方向から南方向へ変化した。

(7) プレートが地中深くにしずみこんでいるところが、日本の太平洋側の海底でも見られます。深さ8000m以上になり、東北地方の海岸線とほぼ平行にのびている海底地形の名称を答えなさい。

## 解説

(5) ホットスポットから左に行くほど古い年代になっているので、プレートはPの方向に移動したことがわかります。正解はアです。

(6) ①島の並びは、雄略海山とミッドウェー島の間で折れ曲がっているように見えますね。正解はウです。

②地図から天皇海山列は北へ北へと、ハワイ島からミッドウェー島

までは北西へ島ができていった様子がうかがえます。よって正解はアです。

（7）これは知識問題、太平洋プレートが消滅する場所は、**日本海溝**でしたね。

## マグマは岩石が溶けたもの

**マグマ**とは、ドロドロに溶けた岩石のことで、マグマが固まれば岩石になります。逆に、岩石が溶ければマグマです。

マグマの温度は約 800 ～ 1200℃。**温度が高いとサラサラ**していて、**温度が低いとドロドロ**になります。このマグマの粘り気の違いによって、火山の形が決まってきます。

①

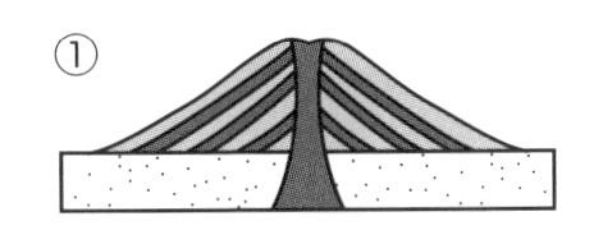

②

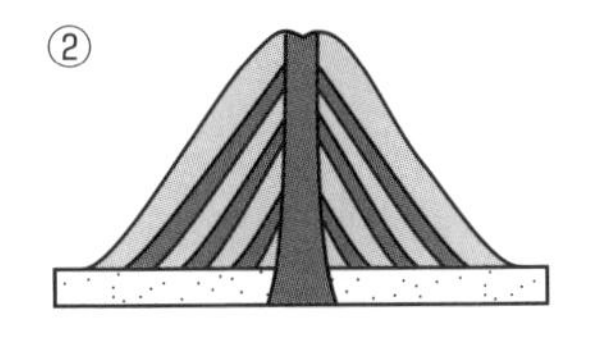

③

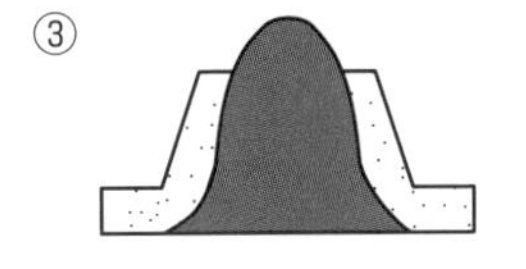

**①平べったい火山**

マグマの粘り気が弱いと、平べったい山になります(ハワイの**キラウエア**、マウナロアなど)。

**②円錐形の火山**

マグマの粘り気が中くらいだと、きれいな形の山になります（**富士山**、**浅間山**など)。

**③ドーム型火山**

マグマの粘り気が強いと、ドーム型の山になります（**有珠山（昭和新山)**、**雲仙岳（普賢岳)**など)。

マグマの粘性は、温度だけでなく成分も関係しています。シリカ(二酸化ケイ素)がたくさん含まれていると、粘り気が強くドロドロになるのです。
ちなみに、「二酸化ケイ素」や顕微鏡の「しぼり」は小学生の学習指導要領範囲外ですが、入試は中学校や高校の先生がつくるので時々出てきます。

## マグマが噴き出せば「噴火」になる

溶けたマグマは周りより軽くなるので、マントルの中を上昇していきます。上昇したマグマは、重力と浮力がつり合うところで止まり、そこにたまります。これがマグマだまりです。

普段は火口でフタをされているので、外には出てきません。

ただ、マグマの中には火山ガスが含まれていて、マグマが地下の浅いところまでくると圧力が低くなり、ガスは泡となってさらに軽くなって火口を押します。

たとえるなら、マグマだまりは力いっぱい振ったあとのコーラのビン、火口がフタです。よく振ったあとにフタをうっかり開けてしまうと、コーラが噴き出しますよね。同じように何かの拍子で火口が開くと、マグマが飛び出します。これが噴火です。

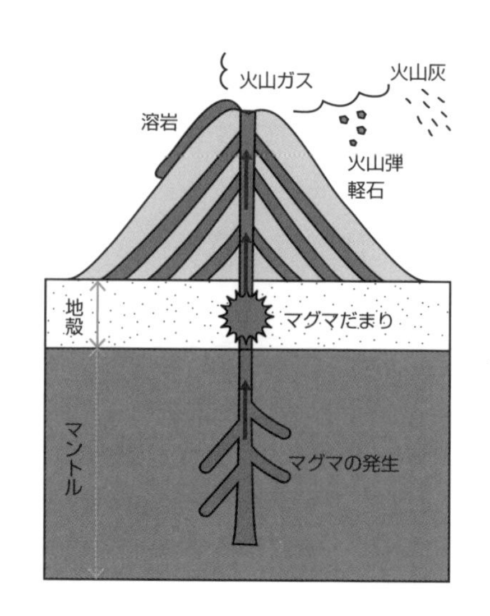


噴火の時には、いろいろなものが火山から出てきます。

- **溶岩**…地表にマグマが流れてきたものと、それが冷えて固まったもの
- **火山ガス**…主に**水蒸気**。硫化水素、二酸化硫黄（亜硫酸ガス）、塩化水素などの、毒性のあるガスも含まれる
- 火山さいせつ物…火山が噴火した時に出てくる固体。「**火山灰**」、火山礫、火山岩塊など（大きさによって名前が違うだけ。火山礫や火山岩塊は、火山弾と呼ばれたりもします）

## マグマが冷えてできる岩石

マグマが固まってできた岩石が**火成岩**です。

火成岩は、地下深くでマグマが固まってできる深成岩と、地上または地表付近で固まってできる火山岩の２種類あります。

同じマグマが固まってできる岩石でも、冷えて固まる場所によって性質が違うのです。

名前が似ているから、気をつけて覚えましょう。

**火山岩**…浅いところで、急に冷やされてできたもの。粒は小さい。
**深成岩**…深いところで、ゆっくり冷やされてできたもの。粒は大きい。

**火山岩の顕微鏡図**

斑状組織

**深成岩の顕微鏡図**

等粒状組織

## 白い「カコウ岩」、灰色の「アンザン岩」、黒い「ゲンブ岩」

ここで前回勉強した、たい積岩も一緒に確認しておきましょう。

**●岩石の分類**

| | | | |
|---|---|---|---|
| 岩石 | たい積岩（積もってできた） | | **デイ岩（泥）** |
| | | | **サ岩（砂）** |
| | | | **レキ岩（小石）** |
| | | | **ギョウカイ岩（火山灰）** |
| | | | **セッカイ岩（サンゴなどの死がい）** |
| | | | **チャート（ホウサンチュウの死がい）** |
| | 火成岩（マグマ） | 火山岩 | リュウモン岩・**アンザン岩・ゲンブ岩** |
| | | 深成岩 | **カコウ岩**・センリョク岩・ハンレイ岩 |
| | 変成岩（変化） | | **大理石**（セッカイ岩から変化したもの） |
| | | | **ネンバン岩**（デイ岩から変化したもの） |

とくに重要なのは、カコウ岩（白）、アンザン岩（灰色）、ゲンブ岩（黒）です。しっかり覚えてくださいね。

シリカ（二酸化ケイ素）は、マグマの粘性だけでなく岩石の色にも関係しています。シリカはガラスの主成分になるもので、固体になると割れたガラスのように白く見えます。シリカの割合が多いと白っぽい色になり、割合が少ないと黒っぽい色になります。

ちなみに、黒いゲンブ岩は「玄武岩」と書きます。

中国の四神、「青竜、白虎、朱雀、玄武」の玄武です。黒い亀みたいな神様です。玄武の「玄」の文字には、「黒」という意味があります。
「玄人」という言葉を読めますか？　「げんじん」じゃないですよ。「くろうと」です。反対は「素人」。素人は何にも染まっていないから白、玄人はベテランで様々なことを知っている、染まりきった黒という意味です。

カコウ岩は「花崗岩」と書きます。
「花」は美しく白いことを、「崗」は硬いことを表した漢字です。
また、花崗岩は英語で granite、グラニュー糖は granulated sugar で、どちらも語源はラテン語の granum（穀粒）。グラニュー糖も真っ白ですからね。

アンザン岩は「安山岩」と書きます。
残念ながら、色と名前の由来は関係ありません。南アメリカのアンデス山脈（安山）付近によく見られる岩石なので、安山岩です。
先生が小学生の時には、ゲンブ岩が黒で、カコウ岩が白だから、混ぜたら灰色（アンザン岩）だな、って覚えていました。

ここで、火成岩のとっておきの覚え方を紹介しておきますね。

| 「新 | 幹 | 線 | は | か | り | あ | げ」 |
|---|---|---|---|---|---|---|---|
| **深成岩** | **カコウ岩** | **センリョク岩** | **ハンレイ岩** | **火山岩** | **リュウモン岩** | **アンザン岩** | **ゲンブ岩** |

さぁ、どうでしょう。試験の時に使ってくださいね。

## 地震が発生する場所

さて、ここからは「地震」の話をしましょう。
次ページの左図を見てください。
あれ？　どこかで見た図だな。いや、ちょっと違うかな。
これは、地震が発生したところに、点を打った地図でした。右の図は、火山のあるところに、世界的にも大きな山脈などを描いた図です。

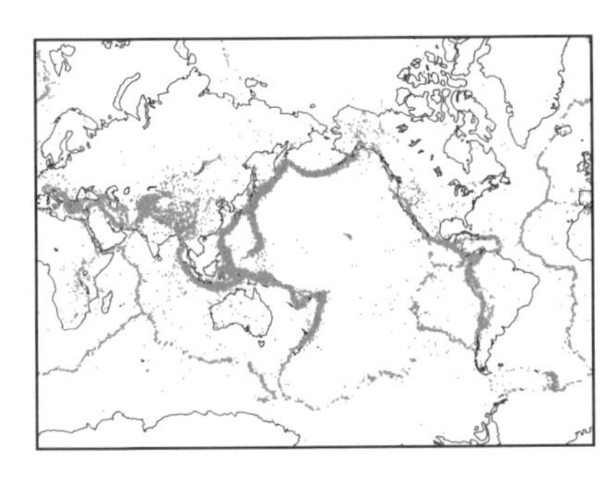

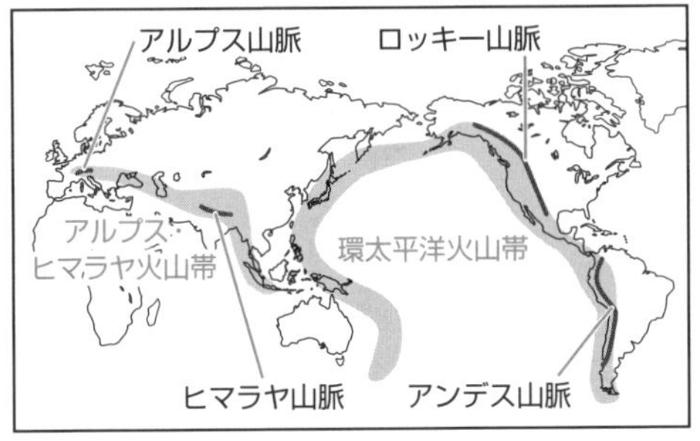


火山ができるのも、地震が起こるのも、大きな山脈ができるのも、すべてプレートの動きが原因になっているので、似ているのも当たり前なのです。

## 地震の種類

地震については、**海溝型地震**と**直下型地震**という２種類を覚えましょう。

### ● 海溝型地震

海溝のところで､押された大陸プレートが元に戻ろうとした時に起きます。津波をともなうこともあります。

東北地方太平洋沖地震（2011 年 3 月 11 日）…東日本大震災
大正関東地震（1923 年 9 月 1 日）…関東大震災

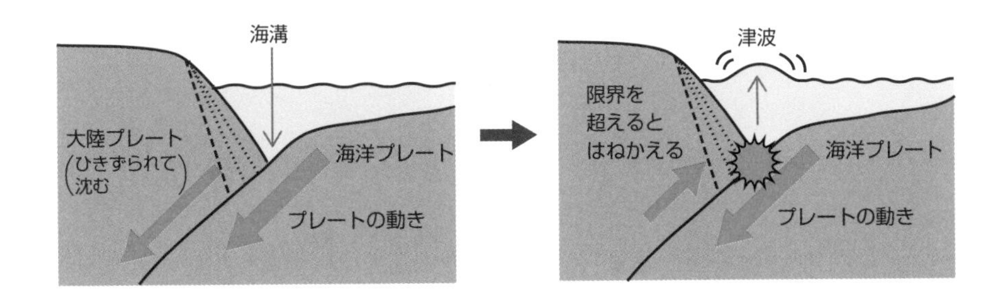


### ● 直下型地震

押された大陸プレートが、我慢できずにビリッと壊れ、断層（だんそう）をつくる時に起きます。または、すでにある地下の活断層（かつだんそう）がズルッとずれた時にも起こります。

兵庫県南部地震（1995 年 1 月 17 日）…阪神淡路大震災
新潟県中越地震（2004 年 10 月 23 日）

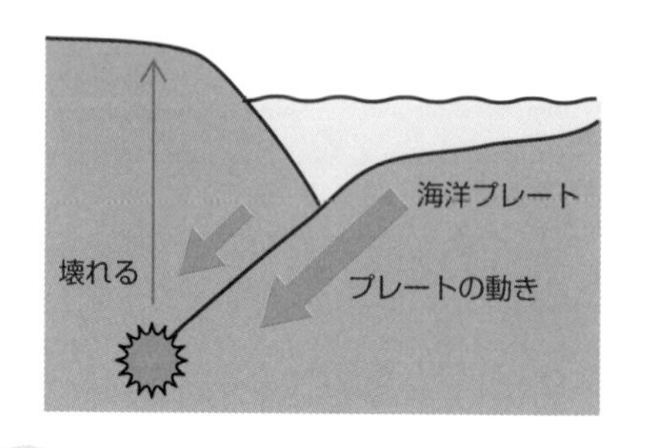


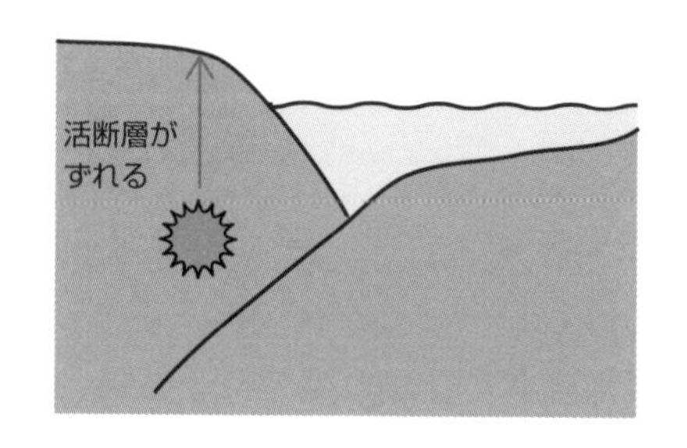


## 地震の規模と揺れ

みんなはニュース速報で、「地震のニュースをお知らせします。先ほど、午後△時□分ごろ、○○地方で地震がありました。震源は○○県中部、震源の深さは約10km。地震の規模を示すマグニチュードは5.8です。各地の震度をお伝えします。震度５強は……。なお、この地震による津波の心配はありません」という内容の放送を聞いたことがありませんか？

さあ、重要な言葉が出てきましたよ。

まず、震源と震央(しんおう)の違(ちが)いは簡単です。

実際に地震が起きたところが震源で、その真上の地点が震央(しんおう)です。

マグニチュードは地震そのものの規模のことを指します。

震度は、実際にある地点がどれくらい揺れたかを表すものです。これはよく勘違(かんちが)いするところなので、説明しておきましょう。

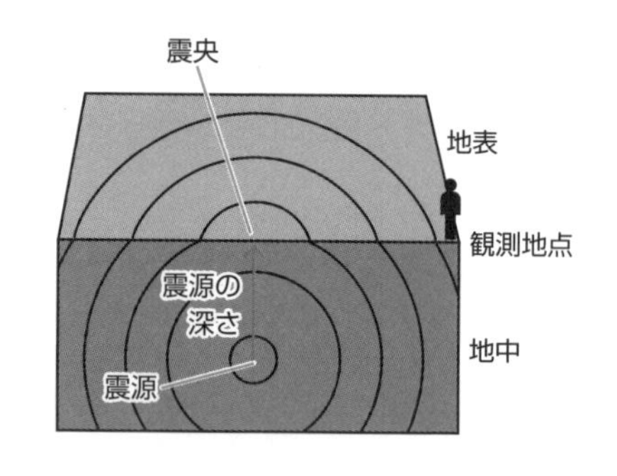


震源と震央

ある日、なんの前触(ぶ)れもなく先生の家のトイレが大爆発しました。

大爆発でも、遠くにいるみんなには何の被害もありませんね。たぶん爆発があったことにも気がつかないでしょう。

でも、この本が急に爆発したらどうですか？　小さな爆発でもすぐ近くにいるから大変です！

大きなマグニチュードの地震でも、遠く離れていたらほとんど揺れません

（震度は弱い）。逆に、小さなマグニチュードの地震でも、すぐ近くで起きたらとても揺れる（震度は強い）ということです。あくまでたとえ話で、トイレも本も爆発はしないので安心してくださいね。

**震源**…実際に地震が起こった場所
**震央**…震源の真上のところ
**マグニチュード**…地震の規模（エネルギー）を表す
**震度**…ある地点がどれだけ揺れたかを表す目安

## マグニチュードと震度の「段階」を知っておこう

マグニチュードは、値が**2上がると、規模が1000倍になります**。
２段階で1000倍なので、１段階上がると地震の規模は**約32倍**。
□×□＝1000
約32×約32＝1000です。

震度は震度０から最大震度７までの**10段階**に分かれています。
０、１、２、３、４、５弱、５強、６弱、６強、７の10段階となります。
基本的に、震源に近ければ近いほど大きな震度となりますが、土地の状態などによっても実際の揺れ方には違(ちが)いが出ます。

## 地震の波と震源からの距離

地震の起こった時を思い出してみてください。
「カタカタカタカタカタカタ………グラグラグラ」という感じですよね。
地震には、最初にカタカタとくる小刻みな揺れと、あとからグラグラとくる大きな揺れをもたらす二つの波があります。

二つの波があることを利用し、各地に置いた地震計に小刻みな揺れが届くと、そのデータを短時間で処理し、あと何秒くらいで大きな揺れがくるかを予測して知らせるしくみが「**緊急地震速報**」です。スマホが一斉(いっせい)に鳴り出す、あれですね。

二つの波は、P波とS波と呼ばれています。
P波は最初にカタカタカタカタカタカタってくる小さな揺れ（初期微動(しょきびどう)）、S波は、途中からグラグラくる大きな揺れ（主要動(しゅようどう)）をもたらします。
- **P波**（**初期微動**(しょきびどう)をもたらす波）…約８km/秒
- **S波**（**主要動**(しゅようどう)をもたらす波）　…約４km/秒

P波が到達してからS波が到達するまでの時間を、**初期微動継続時間**と言います。覚えておきましょう。

●地震計

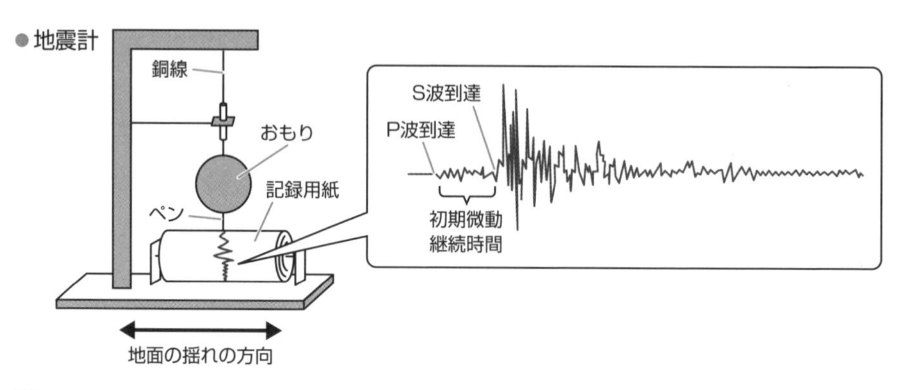


## 「初期微動継続時間」から震源までの距離を計算しよう

この初期微動継続時間を利用して、おおよその震源までの距離を求めることができます。たとえば、ある地点で初期微動継続時間が10秒あったとします。震源からこの地点までの距離が何kmなのか、計算してみましょう。

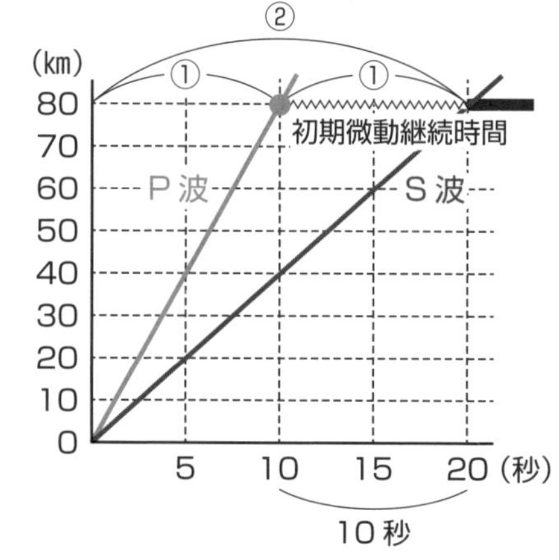


わかりましたか？

震源からある地点までの距離は、P波でもS波でも同じです。距離が一定の時、速さとかかる時間の比は逆比ですから、下のようになります。

| | 速さ | 時間比 | |
|---|---|---|---|
| P波 | 8km/秒 | ①…10秒 | 差①…10秒 |
| S波 | 4km/秒 | ②…20秒 | |

よって、8km/秒×10秒＝80kmが震源からの距離です。

グラフで表すと、右上図のようになります。

## 地震にともなって起こる現象

● **津波**

海溝型の地震の時に、海底が隆起あるいは沈降して起こることがあります。

● **液状化現象**

地面の中に水が多い地域（地盤がゆるい地域）で起こる時があります。

**地学のミニCOLUMN**

私たちの目には、地表に水が出てくる現象として見えますが、それではこの現象をきちんと理解したとは言えませんよ。コップに水を含ませた砂を入れても、そのまま見ているだけでは何も変化は起こらないでしょう。でも、これをトントン揺らすと、軽い水は上に、砂は下に移動して分離します。

液状化現象もこれと同じです。地震の力で、軽いものが上に、重いものが下に並べ直された結果、水が上に土が下に移動したんですね。私たちは地面を基準として見ているので、水が出てくるように見えます。

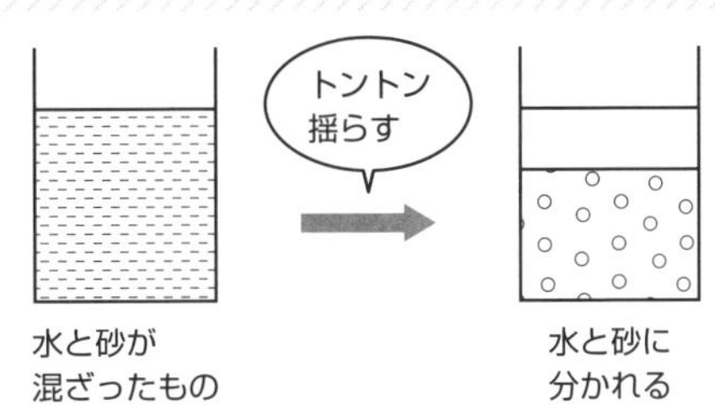


**難関中学の過去問トライ！**（明治大学付属明治中学）

〔V〕図はある地域の地下のようすを表したものです。地層Bと地層Gは同じものであることがわかっています。図を見て、問いに答えなさい。

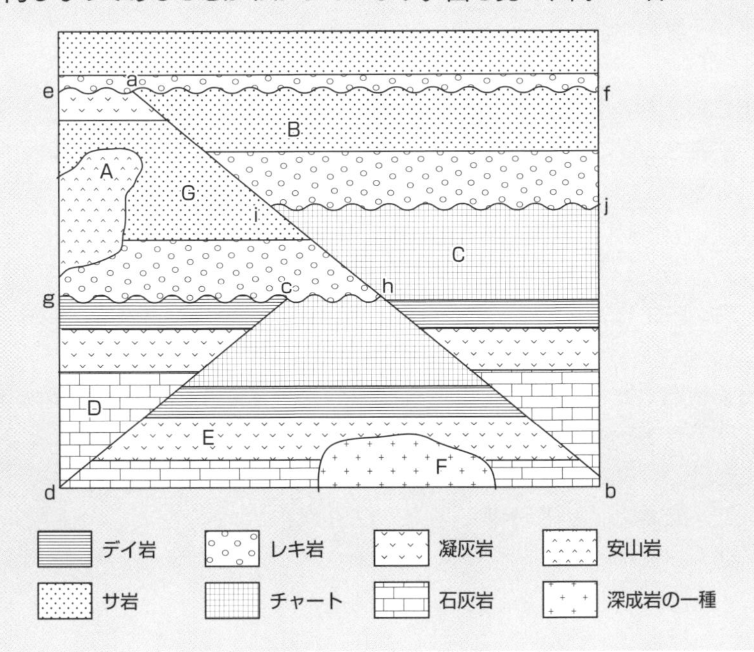

(1) 不整合(ふせいごう)e～fと断層(だんそう)c－dはどちらが先にできましたか。正しいものを選び、ア～エの記号で答えなさい。

ア　不整合(ふせいごう)e～fが先にできた　　イ　断層(だんそう)c－dが先にできた
ウ　同時にできた　　エ　これだけではわからない

(2) 断層(だんそう)a－bと岩石Aはどちらが先にできましたか。正しいものを選び、ア～エの記号で答えなさい。

ア　断層(だんそう)a－bの方が先にできた　　イ　岩石Aの方が先にできた
ウ　同時にできた　　エ　これだけではわからない

(3) 岩石B～Fのなかで、陸上に堆積(たいせき)してできた可能性のある岩石を選び、B～Fの記号で答えなさい。

(4) チャートの主成分として正しいものを選び、ア～エの記号で答えなさい。

ア　炭酸カルシウム　　イ　酸化鉄
ウ　炭素　　エ　二酸化ケイ素

(5) 岩石Bからアンモナイトの化石がみつかりました。このことから岩石Bができた時代として正しいものを選び、ア～エの記号で答えなさい。

ア　先カンブリア時代　　イ　古生代(こせいだい)
ウ　中生代(ちゅうせいだい)　　エ　新生代(しんせいだい)

(6) 岩石Dからフズリナの化石がみつかりました。このことから岩石Dができた時代として正しいものを選び、ア～エの記号で答えなさい。

ア　先カンブリア時代　　イ　古生代(こせいだい)
ウ　中生代(ちゅうせいだい)　　エ　新生代(しんせいだい)

## 解説

（1）「新しく起こった現象は過去の現象の影響を受けるはずがない」と考えていくと、古いほうから「断層ｃ－ｄ」「不整合ｇ～ｈとｉ～ｊ」「断層ａ－ｂ」「不整合ｅ～ｆ」の順にできたことがわかります。したがって、正解は**イ**です。

（2）問題文に地層Ｂと地層Ｇは同じものだと書いてあるので、地層Ｂと地層Ｇを切断している「断層ａ－ｂ」は地層Ｇができたあとに起こったことは確かです。一方、岩石Ａはマグマが固まってできたアンザン岩です。マグマは地下から湧き上がってくるので、この場所で固まったのが、はるか昔かそれとも昨日なのか、これだけではわかりませんね。ですから、正解は**エ**です。

（3）から先は、知識問題ですね。

（3）**Ｅ**。

（4）**エ**。

（5）**ウ**。

（6）**イ**が正解です。
ギョウカイ岩は、火山灰が積もってできたたい積岩ですよ。

# 天体

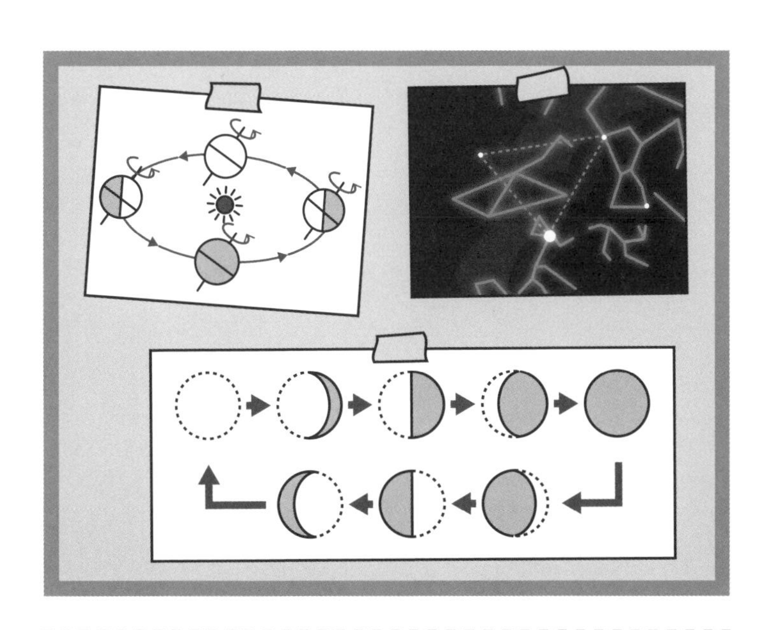

# 太陽と季節の変化

## 太陽と地球

本章では、天体の勉強をしますよ。
準備はいいですか？　まずは太陽からです。
季節の変化に太陽が関係していることは、みんな知っていますね。
でも、太陽がどのように関係しているのかを、くわしく説明できる人はあまりいないんじゃないかな？

「なんで太陽の出ている時間が長い日と短い日があるの？」
「なんで夏になったり、冬になったりするの？」

こんな質問をすると、よく出てくる誤答が、
「地球が早くまわったり、遅くまわったりするから」
「太陽と地球が近くなったり、遠くなったりするから」
というものです。
地球の回転する速度も、太陽と地球の距離(きょり)も、いつも同じです。
では、なぜ太陽の出ている時間が変わるのか。なぜ夏になったり、冬になったりするのか。今からそれを考えていきますよ。

## 地球が太陽をまわる様子を表した「大切な図」

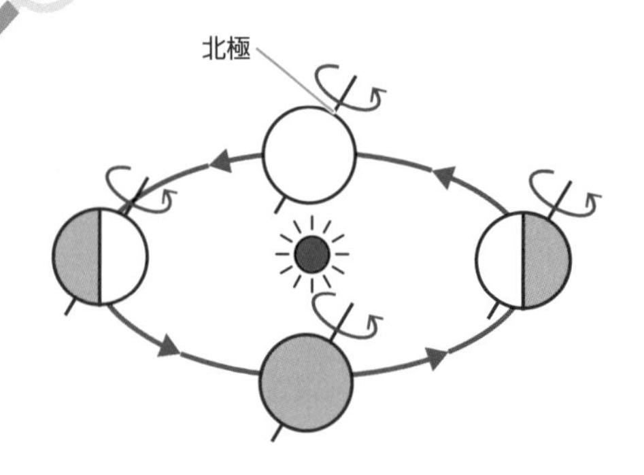


まずは、左の図を見てください。これは、地球が太陽を中心にまわっている様子を表した図です。
太陽の上側に描かれている地球は太陽の裏側にあって、下側に描かれている地球は太陽の手前にあると思って見てください。立体的な図だということですね。
今後は、これを「大切な図」と呼びます。理由は…大切だから。え!?　名前のセンスがないって？
この図の大切さがわかると、徐々にいろんな疑問が解けていきますよ。

## 地球は反時計まわりに「自転」し、「公転」している

地球自身が1日1回転していることを**自転**、太陽の周りを1年間かけて1周まわっていることを**公転**と言います。先ほどの図にも矢印を描きましたが、北極のはるか上空からその様子を眺めると、**地球の自転も公転も反時計まわり**に見えます。これは重要なことだから、必ず覚えてくださいね。

「大切な図」の地球は、少し傾いているのがわかりますか？　そう言えば、地球儀も少し傾いていましたよね。実際、地球は少し斜めの状態で太陽の周りをまわっています。地球儀は斜めに棒を刺して、その様子を再現しているのです。

23.4°傾いている地球儀

ちなみに、**傾きの角度は23.4°**です。次に地球儀を見た時にでも、分度器で測ってみてください。

ついでに確認してほしいことは、棒が刺さっている位置です。北極と南極を貫いています。もちろん、本物の地球に棒は刺さっていません。

でも、棒があると仮定して考えたほうが理解しやすいので、「大切な図」にも棒を描いておきました。

この北極と南極を貫く架空の棒のことを、**地軸**と言います。

ここまでのことを整理すると、**地球は、地軸を傾けた状態で自転しながら、太陽の周りを公転している**ということです。なんだか本格的になってきた感じがしますね。

でも、最初の疑問の答えを出すには、もう少し太陽について勉強する必要があります。基礎的なことから順に説明していきますよ。

## 太陽の日周運動と太陽高度

太陽は1日に1回、東から昇って西へ沈みます。

このことを、太陽の**日周運動**と言います。実際に動いているのは地球のほうなんですけどね。地球がまわっているから、太陽が動いているように見えます。

**地球は西から東へと自転**しているので、太陽は**東から西へ動いているように見える**のです。

東から西へ向かう途中に南を通りますが、太陽がちょうど真南に来た時のことを**南中**ということも覚えておきましょう。

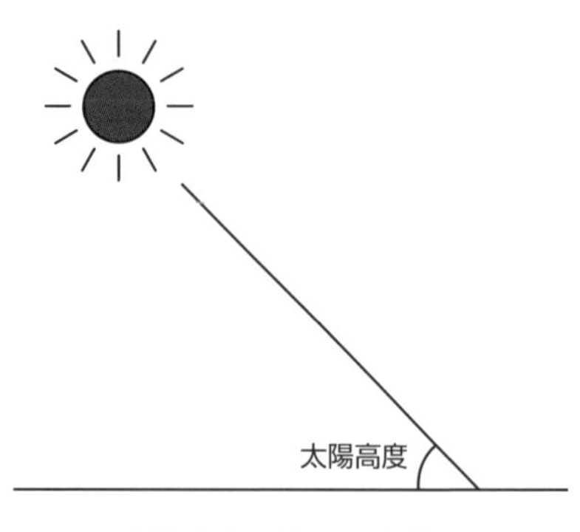

太陽高度は地面と太陽の光がつくる角度で表す

太陽の高さは、**太陽高度**と言って、地面と太陽の光がつくる角度を使って表します。朝は太陽高度が低くて、お昼に向かって太陽高度がグングンと高くなっていきます。

## 「南中高度」が一番高い日は夏至、低い日は冬至

1日のうちで太陽高度が一番高くなるのは、もちろん南中した時です。南中した時の太陽高度を、**南中高度**と言います。

昼休みに太陽の位置を確認しようとした場合、頭の上のほうまで探さないと見つからない時もあれば、少し見上げたらすぐ見つかる時もありますよね？

じつは、南中高度は季節によって違(ちが)うのです。

1年のうちで南中高度が一番高い日が夏至(げし)、一番低い日が冬至(とうじ)です。

ん!?　何か聞いたことがありませんか？

「冬至(とうじ)だからゆず湯に入りましょう」
「今日は夏至(げし)なので、昼間の時間が一番長い日です」

みんなも、こんなセリフを一度は耳にしたことがあるのでは？

残念ながら、ゆず湯は今回の内容には関係ありません。関係あるのは昼間の時間のほうです。ちなみに冬至(とうじ)は、昼の時間が一番短い日のことを言います。ただ、ゆず湯に入る日ではなかったんですね。

では、なぜ太陽の出ている時間が変化するのか？

いよいよその答えにせまりますが、その前に「大切な図」をもう一度しっかり見てください。あの図を使って説明していきますからね。

## 日照時間の変化を押さえよう

まずは、夏至(げし)について考えていきますよ。

次ページの上の図は、「大切な図」から夏至(げし)の日の地球と太陽の部分だけを取り出したものです。地球が自転した時に「ある地点」が動いた跡(あと)を、点

線で記入してあります。人の立っているところが「ある地点」です。

右側から太陽の光が当たっているから、地球の右半分は昼で、地球の左半分は夜の状態、夜の部分には影をつけておきました。点線をなぞっていくと、昼の部分の割合が多くなっているのがわかりますか？

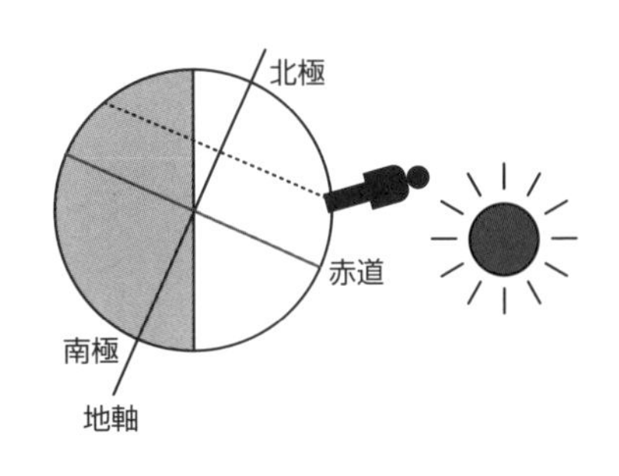


夏至の日の地球と太陽

冬至の日の地球は、もう少しわかりやすくしてみましょうか。

ある地点が動いた跡の線に、昼の部分と夜の部分を書き込んでおきました。今度は、昼よりも夜のほうが長くなっているのがわかりますね。

**地軸を傾けた状態で太陽の周りを公転している**ことが、日照時間が変化する理由だったのです。

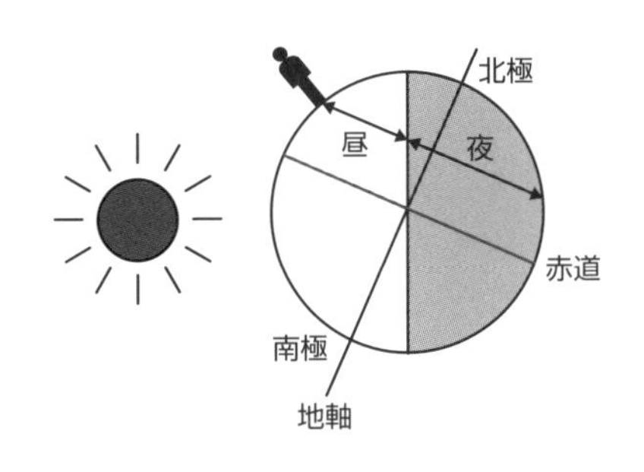


冬至の日の地球と太陽

この二つの図を眺めて気がついてほしいことが、他にあと三つあります。

## 夏至＆冬至の地球と太陽の三つのポイント

まずは北極と南極に、１日中ずっと昼の日や、ずっと夜の日があることを知っておきましょう。

先ほどの図を見ると、夏至は北極が、冬至は南極がずっと昼間になっています。ずっと昼の日を**白夜**、ずっと夜の日を**極夜**と言いますよ。

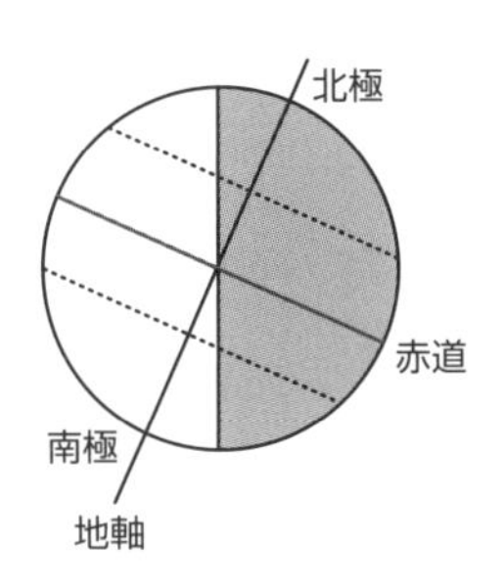


次に、北半球と南半球で季節が逆になることも、押さえておきましょう。

左図のような感じで二つの点線を比べると、北半球で夜が長い時は、南半球では夜が短いことがわかりますね。

最後に理解しておきたいのは、赤道では夏至でも冬至でも昼と夜の長さが同じだということです。真ん中の太い線が引いてあるところが赤道ですが、夏至も冬至も昼と夜の長さが同じになっていますね。

じつは赤道は、1年中昼と夜の長さが同じです。下図を見てみましょう。「大切な図」に夏至と冬至、春分と秋分を書き込んでみました。

春分は全部明るいところに線が引いてあるように見えるけれど、その裏側は全部夜です。逆に、秋分は暗いところしか見えませんが、裏側は全部昼です。

赤道付近は1年を通して日照時間が変化しないから、四季がないのです。

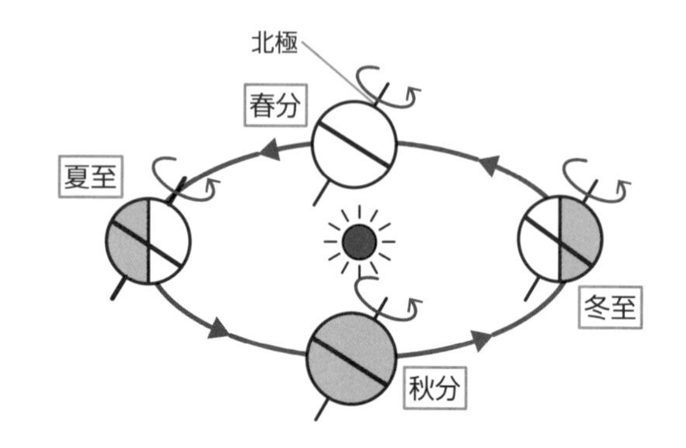


この図を「めっちゃ大切な図」と名づけます。理由はおわかりですね…。めっちゃ大切だからです。

さて、これで「なんで太陽の出ている時間が長い日と短い日があるの？」が理解できましたね。

次は、「なんで夏になったり、冬になったりするの？」にせまっていきますよ。季節の変化が起こる理由は、日照時間だけが理由ではないのです。

一気に説明したいところですが、ここから先のことをしっかり理解するには、緯度という概念を知る必要があります。まず、緯度について解説していきましょう。

## 緯度は赤道を0°とした北（北緯）と南（南緯）の角度

「位置情報」という言葉を聞いたことはありますか？

スマホの地図アプリを開いて、画面を長押しすると住所が出てきますが、それを上にスライドさせると下のほうに「35.6……、139.7……」みたいな数字がありますね。それが位置情報です。全部書くと先生の住所がバレちゃうので、後半は「……」にしておきました。

地図アプリの位置情報は、地球上でどこにいるのかを表すものです。「南北、東西でどのあたりの位置にいるのか」を数字で示しています。

「南北ならどのくらいの位置なのか」を表すのが**緯度**、「東西ならどのくらいの位置なのか」を表すのが**経度**です。

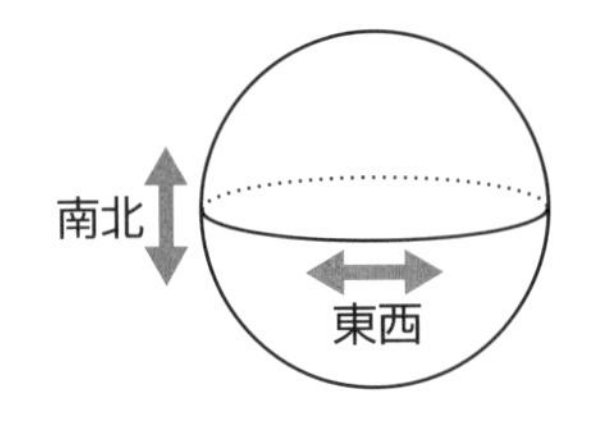

**この二つが決まれば、場所が決まる**

緯度は**赤道を0°**として、赤道よりも北側には「**北緯**」、赤道よりも南側には「**南緯**」を使います。

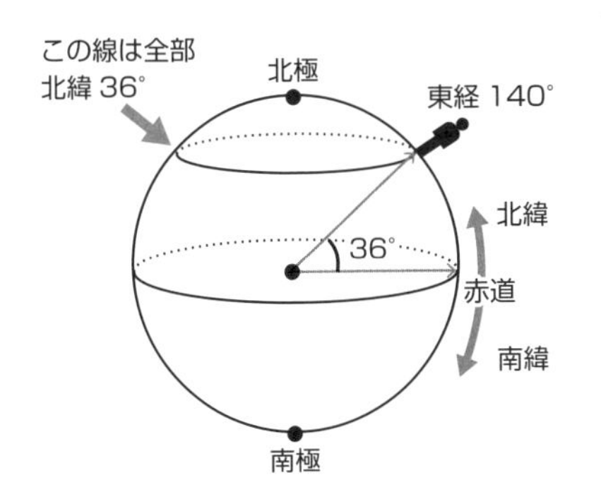


左図のように、先生の住所に近い「北緯36° 東経140°」の場所に人を立ててみましょう。

そして、地球の中心から、人と赤道へ、それぞれ矢印つきの線を引いてみました。その間の角度が緯度です。

ですから、この人は北緯36°にいるということになります。

でも、この人の足元からぐるっと1周引いた線は、すべて北緯36°です。このままでは、地球上のどこにいるかはまだ決まりません。
「東西では、どのくらいの位置にいるのか」もわかって初めて、地球上のどこにいるのかが決まるからです。

## 経度はグリニッジ天文台を0°とした東(東経)と西(西経)の角度

今度は北極のほうから地球を見てみましょう。

経度を表す基準になるのは、イギリスの**グリニッジ天文台**という観測施設のあった場所を通る線です。今は天文台の場所は移動してしまったので、「旧グリニッジ天文台のあった場所」と言ったほうがいいですね。

ここより東側を表すには「**東経**」、西側を表すには「**西経**」を使います。

たとえば、右図のように東に140°ずれているところは、東経140°となります。

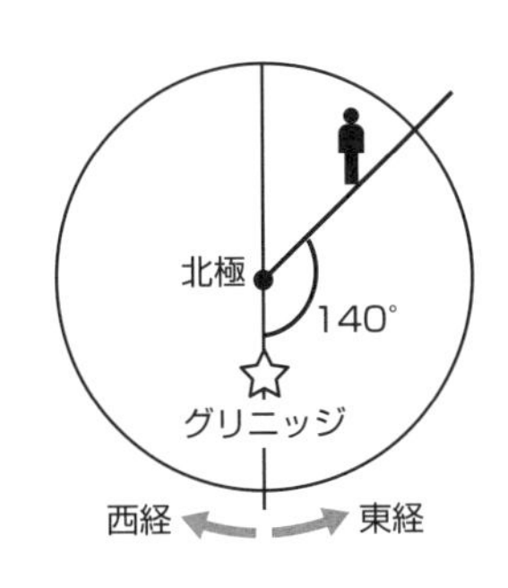


このように、緯度と経度を組み合わせることで、地球上のどんな場所でも表すことが可能になります。

## 南中高度

さて、話を進めますよ。

もう一度、「めっちゃ大切な図」（56ページ）を見て、秋分の日の地球を左下図のような角度から見た様子を思い浮かべてみましょう。

地軸がまっすぐに見えて、左側に暗い所、右側に明るい所ができた状態になるのがわかりますか？

その角度から見た、秋分の日の地球と太陽の様子を表したのが右下図です。

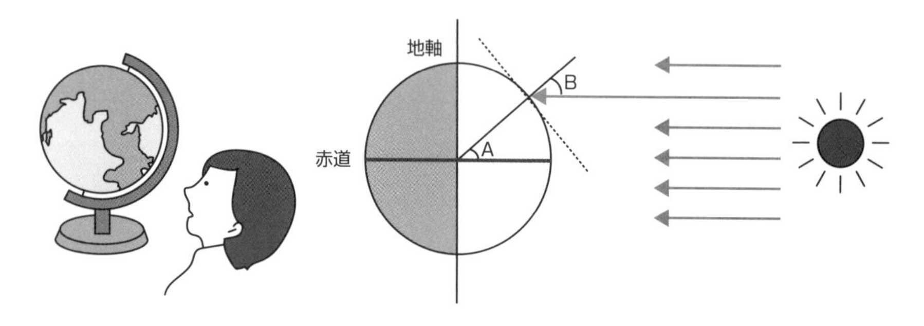


## 春分・秋分の日の南中高度は「90°－その土地の緯度」

この時の「ある地点」の南中高度を考えてみましょう。

地球は丸いけれど、普段地面に立っている時に「ああ、地球は丸いなぁ」とは思わないですよね。だから、「ある地点」の地面を平らな点線で書き込んでみました。

地球の中心から「ある地点」へ引いた線と赤道へ引いた線のつくる角度Aが、その土地の緯度でしたね。

右上図のAとBの角度が等しいのがわかるでしょうか？

点線が地面だから、この日の南中高度は、90°からBを引けば求められます。つまり、秋分の日の南中高度は、「**90°－その土地の緯度**」で求められることになります。春分の日の場合も同じです。

せっかくなので、赤道の南中高度を計算してみましょうか。

赤道は北緯0°なので90 － 0 ＝ 90°

つまり、頭の真上に太陽が南中するのです。

よく、赤道は毎日頭の真上に太陽が来ると誤解している人がいますが、そんなことはありませんよ。赤道の南中高度が90°になるのは、春分の日と秋分の日だけなのです。

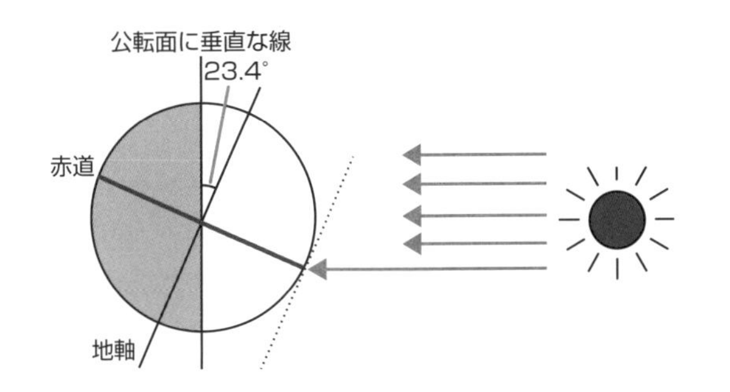


たとえば、夏至の日の様子を見てみましょう。

赤道の地面を点線で書いてみれば、夏至の南中高度が 90° ではないことがわかります。

## 夏至の南中高度は「90°－その土地の緯度＋23. 4°」

では、南中高度が 90° になるのはいったいどの地点なんでしょうか？

それは、北緯 23.4° の地点です。地軸の傾きの角度を覚えていますか？そう、23.4° でしたね。

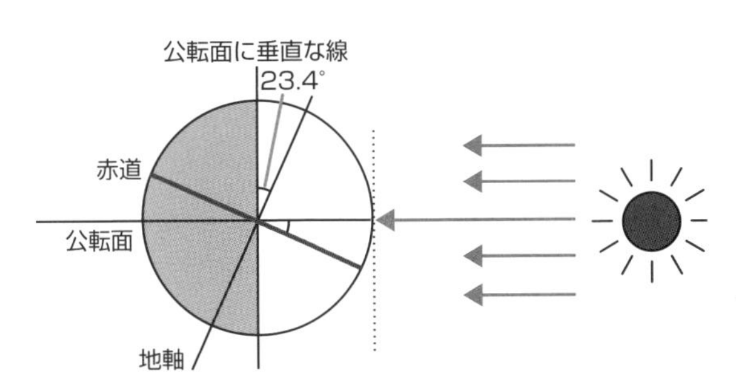


地軸が 23.4° 傾いているので、夏至はちょうどその角度分の南中高度がずれるのです。そのため、夏至の日の南中高度は、「**90°－その土地の緯度＋23.4°**」で求めることができます。

北緯 23.4° の地点の地面を点線で書いてみると、90° になっていますね。

正確には、**地軸は、公転面から66.6°、公転面に垂直な線から23.4°傾いています**。「公転面に垂直な線から」という表現を省いて、当たり前のように「地軸は23.4°傾いているので…」と書かれることもたくさんあります。それを見たら「公転面に垂直な線から」23.4°という意味だととらえてください。

なお、「地軸は23.4°傾いているので」白夜や極夜は、北極や南極だけでなく、北緯66.6°より北の地域と南緯66.6°より南の地域で起こります。

ここを完全に理解するためには、算数の角度の勉強が終わっている必要があります。まだ角度の勉強が終わっていない場合は、角度の学習をしたあとにもう一度読んでみてくださいね。

## 「南中高度の計算式」は、絶対に暗記しよう！

冬至（とうじ）の日の南中高度は、夏至（げし）の反対を考えるだけなので省きます。

まとめると、それぞれの日の南中高度は次の式で計算できます。この計算方法は絶対に暗記してくださいね。

- **春分・秋分の日の南中高度**
  90° − その土地の緯度
- **夏至の日の南中高度**
  90° − その土地の緯度 ＋ 23.4°
- **冬至の日の南中高度**
  90° − その土地の緯度 − 23.4°

**太陽の南中高度の計算**

では、この計算式を使って、東京の南中高度を計算してみましょうか。

東京はだいたい北緯（ほくい）36° なので、春分や秋分の南中高度は 54°、夏至（げし）は 77.4°、冬至（とうじ）は 30.6° です。数字にしてみると随分違（ちが）いがあることがわかりますね。

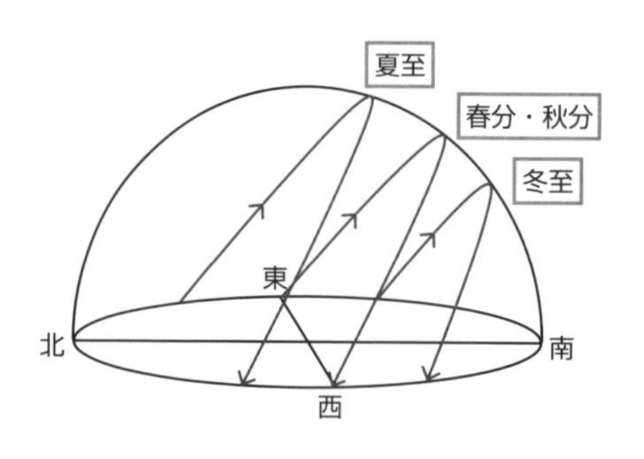


南中高度を参考に、天球図に太陽の動きを描いてみましょう。

左の図を見ても、夏至（げし）の日照時間が長くて、冬至（とうじ）の日照時間が短いのがわかります。北海道と沖縄で差はあるけれど、日本では、だいたい夏至（げし）は 14 時間以上、冬至（とうじ）は 10 時間未満の日照時間になると思っておけば OK です。

| | 太陽の動き | 日照時間 | 南中高度 |
|---|---|---|---|
| 春分（3/20前後） | 真東から出て、真西に沈む | 12時間程度 | 54° |
| 夏至（6/21前後） | もっとも北寄りの東から出て、もっとも北寄りの西に沈む | もっとも長い（14時間以上） | 77.4° |
| 秋分（9/23前後） | 真東から出て、真西に沈む | 12時間程度 | 54° |
| 冬至（12/22前後） | もっとも南寄りの東から出て、もっとも南寄りの西に沈む | もっとも短い（10時間未満） | 30.6° |

いちおう表にまとめたけれど、覚えるのではなく、先ほどの式を使って計算したり、天球図を見たりして考えられるようにしたいですね。考えればわかる部分は、覚えないほうが理解も深まるからです。

## 季節の変化は南中高度の違いによって起こる

では、そろそろ「なぜ夏になったり、冬になったりするの？」「なぜ季節の変化が起こるの？」という話に入りますよ。

え!?　もう、そんな話忘れてた？　もう95%くらい答えは教えちゃっているんですけどね。じつは、日照時間とともに季節の変化に関係しているのが、太陽高度です。

次の図で、ソーラーパネルを日光に当てる様子を考えてみましょう。

日光に対してパネルをどう当てるかで、同じ面積に当たる日光の量が変化しているのがわかりますか？　そのため、ソーラーパネルは日光に垂直に当てた時のほうが発電量は多くなります。

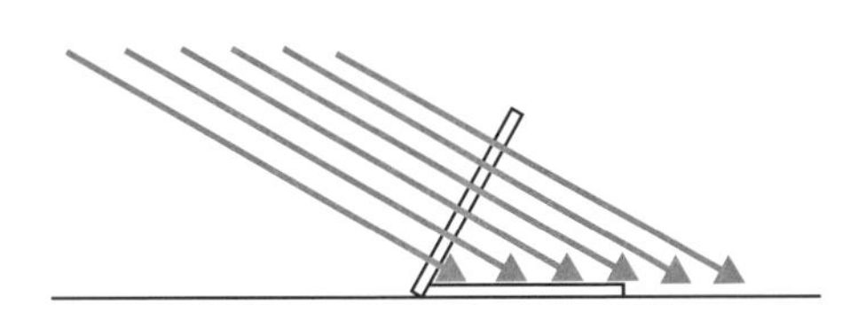

この原理と同じで、地面に対して光が垂直に近いほど、つまり南中高度が高い時ほど、地面の温度が高くなり気温が上がるということです。

夏至は、地面を温める力の強い太陽が長時間出ている。

冬至は、地面を温める力の弱い太陽が短時間しか出ていない。

これが季節の変化が起きる理由だったんですね。

## 太陽の動き

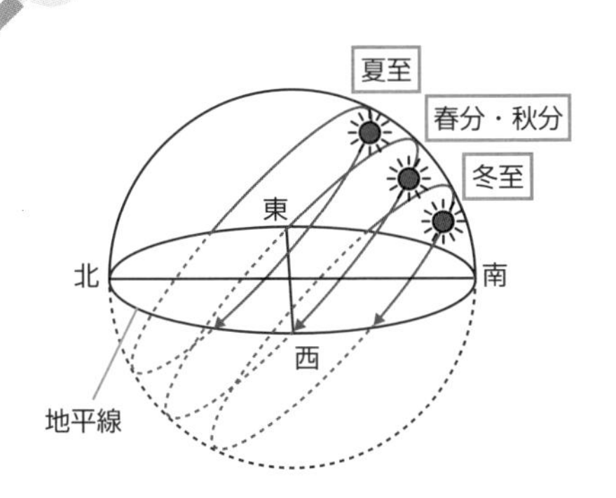


さっき「天球図を見れば、夏至の日照時間が長くて、冬至の日照時間が短いのがわかる」と言いましたが、もっとわかりやすくするために、天球図の裏側も考えてみましょう。

裏側は太陽が地平線の下に沈んじゃっているということね。

春分・秋分では、上半分と下半分で太陽が移動している長さが等しくなっているのがわかりますか？　つまり、**春分や秋分の時は、昼の長さと夜の長さが同じ**になっているわけです。

上の図は日本の場合ですが、北極と南極、そして赤道での太陽の動きは下図のようになります。

北極での太陽の動き

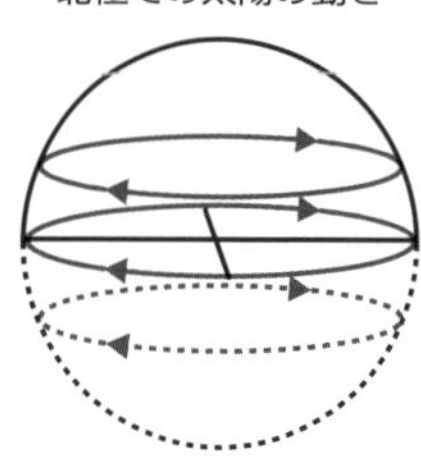

南極での太陽の動き

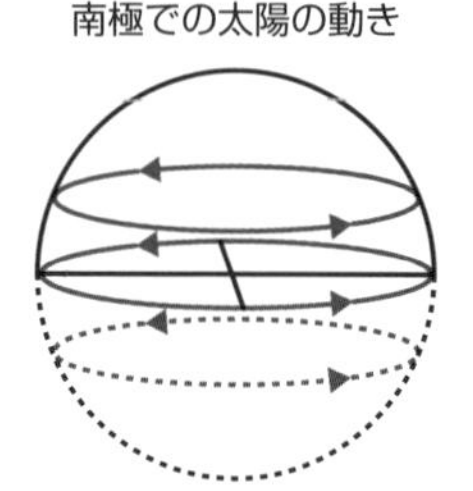

赤道での太陽の動き

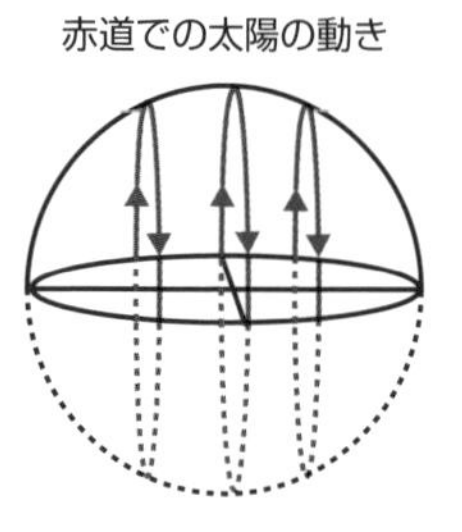

## 北極と南極、赤道での太陽の動きを、「北極星」から考える

これを暗記で覚える人が多いのですが、ちゃんと考えることもできるし、そのほうがいろいろな応用が利くので、ちょっと説明しておきますね。

みんな、北極星という星の名前は聞いたことあるはずです。

くわしくは「星の分類と四季の星座」の回で教えますが、**北極星はいつも真北にあって、高度はその土地の緯度と等しい**という特徴を持っています。

つまり、東京では36°、北極では90°、赤道では0°の高さに北極星が見えるということです。

これは、北極星が地軸をずーーーーーーーーーっと伸ばした先にあるから。

昼間は明るいから見えないだけで、北極星はいつもちゃんと真北にあります。もちろん高度はその土地の緯度と同じです。

下の図は、天球図に地軸を差し込んでみた図です。地軸の先に北極星をつけておきました。

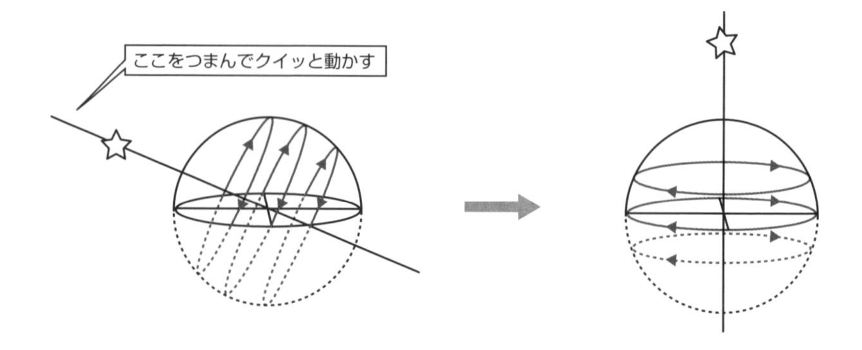


左図が日本です。この左図の地軸の端をつまんで、クイッと垂直にしてみたのが右図。地軸と一緒に太陽の動きを表した線も、クイッと動いた感じで

すね。

北極星が頭の上に来ているのがわかりますか？

北極星が頭の真上に来るのは、北緯90°の北極。つまり、右の図は北極での太陽の動きということになりますね。

ほら、さっきの図と同じになったでしょう？

## 日影曲線

みんなは、日影曲線を知っていますか？　日影曲線とは、地面に紙を置き、そこに立てた棒がつくる影の先端を結んだものです。

ここは、入試問題を使って勉強してみましょう。

**難関中学の過去問トライ！**（慶應義塾中等部）

【1】太陽の動きと気象に関する次の問いに答えなさい。

(1) 図1のようにして水平な場所に記録用紙を置き、その上に棒を立てて棒の影の先の位置に印をつけることで太陽の動きを調べました。東京での夏至・秋分・冬至の日の一日の記録を合わせると図2のようになりました。図中のア～エはそれぞれ東西南北のいずれかの方角を示しています。次の問いに答えなさい。

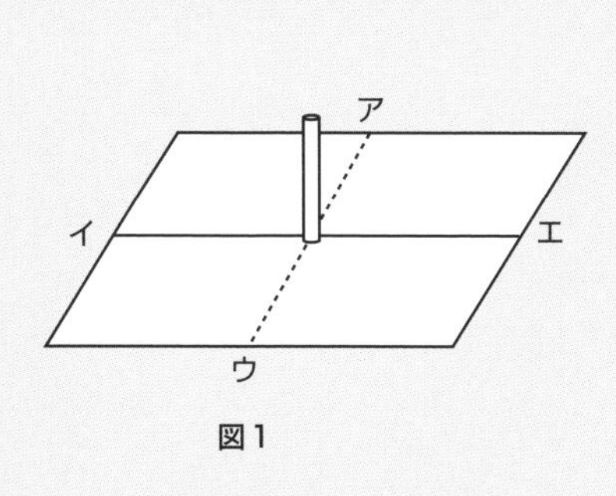

図1

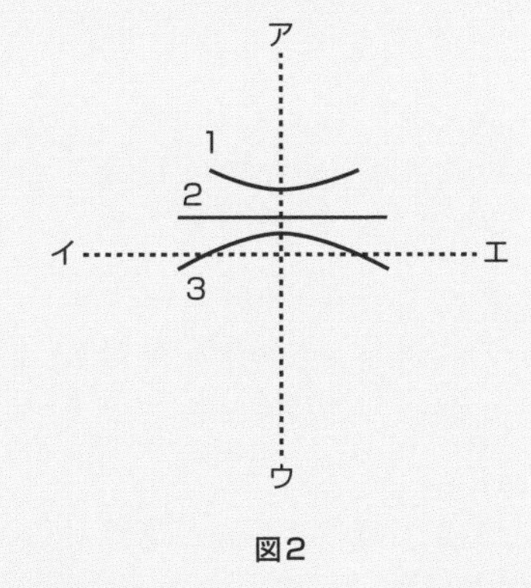

図2

①冬至の日の影は図2の1～3のどれですか。

②図2のエの方角は次のうちどれですか。

1 東　　2 西　　3 南　　4 北

## 解説

①これは**影の長さ**で考えます。右図を見ればわかるように、**太陽高度が高ければ影は短くなります。逆に、低ければ影は長くなります**ね。

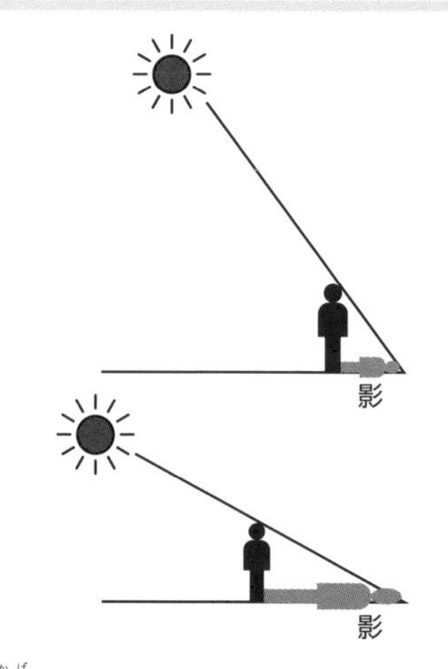


だから一番棒に近いところに影ができている3が夏至で、一番遠い1が冬至。正解は**1**です。

②これはまず、アが北だとわかります。

なぜなら、**棒の影は太陽の反対方向にできる**からです。

太陽がウの方向にあったから、アの方向に影ができているのです。

北がわかれば残りの方角もわかるので、正解は**1の東**です。

「影がどっちからどっちに動いたのか」もよく問われるので、考えてみましょう。これも、**影は太陽の反対側にできる**とイメージしてください。

太陽は東から出て西に沈む。ということは、影は西から東に動いていく。だから、日影曲線はイからエの方向に動いていったことになります。

これらは、しっかり考えて判断できるようになったほうがいいですよ。

紙をくるっと反対向きにしたら、すぐ右の図みたいになっちゃいますからね。暗記してもダメ。何も書いてない図を見て自分で判断できるようにしてください。

では、最後に入試問題に挑戦して終わりにしましょう。

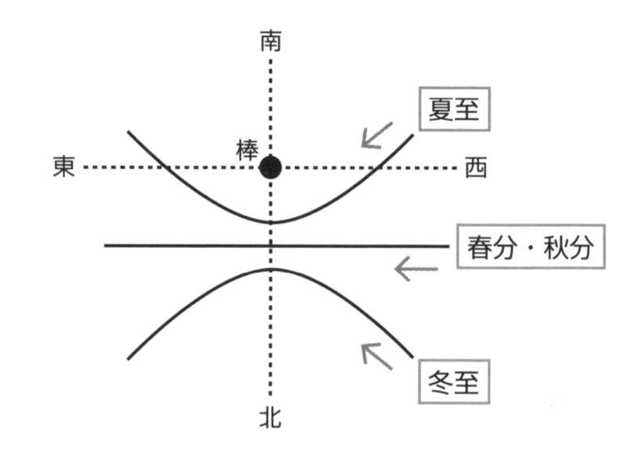


### 難関中学の過去問トライ！ （サレジオ学院中学）

1968年12月24日アメリカのアポロ8号は人類で初めて有人で月周回飛行を行いました。次の問いに答えなさい。ただし、横浜市は北緯35.4°、東経139.65°の位置にあるとします。

地球は太陽のまわりを1年かけて1周します。このとき、地球の自

転軸は、公転面に垂直な線に対して常に 23.4°かたむいています。（図1、図2）

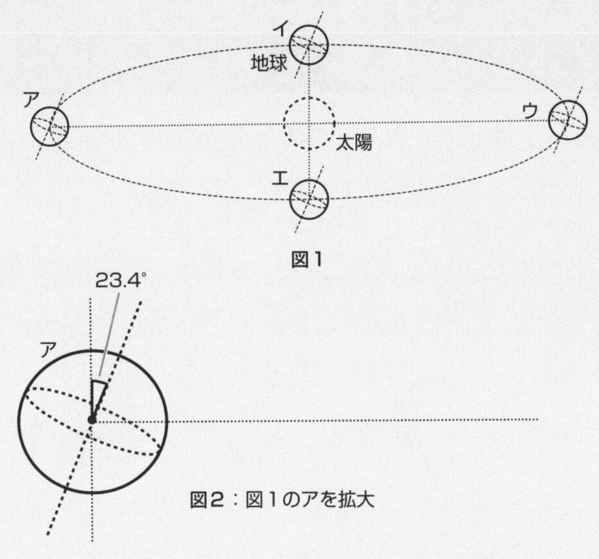


図1

図2：図1のアを拡大

また、地平線から太陽の位置までの角度を太陽高度（図3）といい、太陽の位置が真南にくるときの太陽高度を太陽の南中高度といいます。

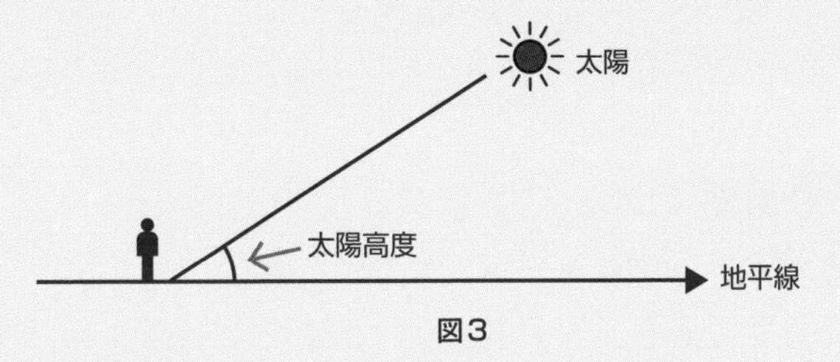


図3

（1）1968 年の冬至は 12 月 21 日です。

（a）この日の地球の位置として最も適当なものを図1のア～エからひとつ選び、記号で答えなさい。

（b）この日の横浜市における太陽の南中高度は何度ですか。小数第2位を四捨五入して、小数第1位まで答えなさい。

## 解説

（a）「大切な図」を「めっちゃ大切な図」にするだけですね。
正解は**ウ**です。

（b）冬至の南中高度なので 90 － 35.4 － 23.4 ＝ **31.2°** です。

# 月の満ち欠け

## 新月・三日月・上弦の月・満月・下弦の月の五つを覚えよう

今回は、月について勉強します。

みんなも満月や三日月は知っていますよね。

月の名前で覚えてほしいのは、**新月**・**三日月**・**上弦の月**・**満月**・**下弦の月**の５個。下図で形も一緒に覚えちゃいましょう。

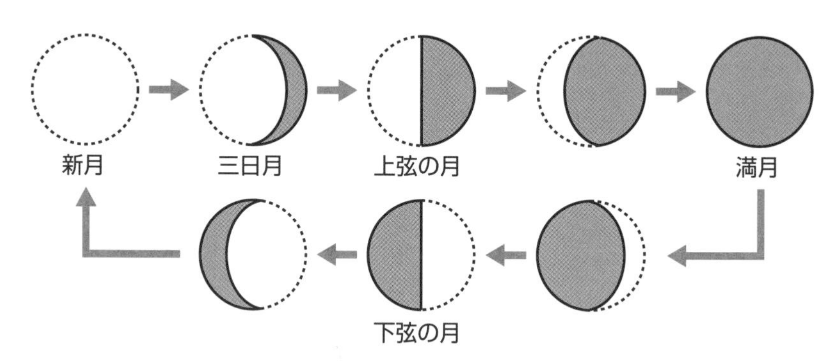


月の満ち欠けの変化

## 月は約29.5日周期で満ち欠けをする

知っての通り、月は毎日見え方が変わります。

その形が変わることを、「月の満ち欠け」と言います。新月から新月に戻ってくるまでの期間、つまり満ち欠けの周期は、**約 29.5 日**です。もちろん、満月から満月まででも約 29.5 日ですね。

現代のようなカレンダーがない昔の時代は、新月から次の新月までを１ヵ月とし、月の満ち欠けを基準に月の切り替わりを決めていました。そのため昔は、「今日がだいたい何日なのか？」を知るのは月の形からでした。

もう気がついた人もいるかもしれないけれど、三日月は新月から３日目に見える月なので、「三日月」という名前になったのです。

でも、どうして月の形は変わっていくのだろう…。これについては、図を使いながら説明していきましょう。

## どうして月は満ち欠けするの？

次の図は北極側から見た月が地球の周りを公転する様子を表しています。

北極のはるか上空から見ると、地球は反時計まわりに太陽の周りを公転し、反時計まわりに自転しているということを前回学びました。

月も、地球の周りを反時計まわりに公転しています。①から順に、②、③、……、⑦、⑧と移動して、また①に戻るということです。ちなみに、自転の向きも反時計まわりです。

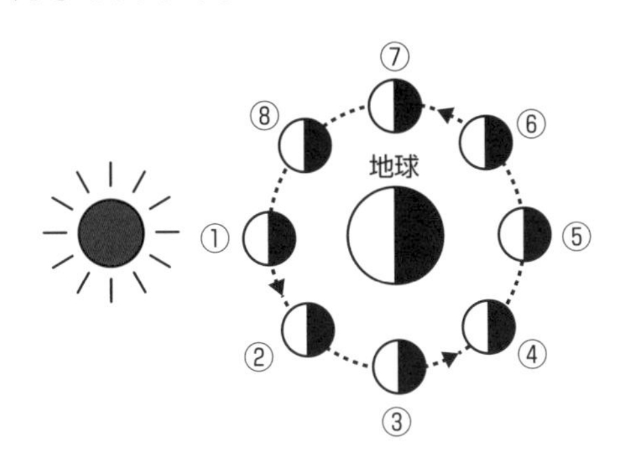


白い部分が太陽の光が当たっているところで、黒い部分が当たってないところです。太陽に照らされている部分だけが明るく光っているということですね。

たとえば、①の月を地球から見ると、暗いところしか見えません。だから、①が新月です。逆に、⑤の月を地球から見ると、全部が光って見えます。だから、⑤が満月です。

③の月を地球から見ると、右側だけ光って見えるのがわかりますか？「白いのは左だ」って思った人は、ちゃんと地球から見ることをイメージしてみましょう。

地球に目と鼻を書くとわかりやすいですよ。ほら、右側が光っていますね。これが上弦(じょうげん)の月です。

同じように②の月もやってみましょうか。地球に目と鼻を書いてみると、右側に少しだけ光っている部分が見えますね。これは三日月です。月に線を引いて、地球側だけ見える様子をイメージすると、よりわかりやすくなりますよ。

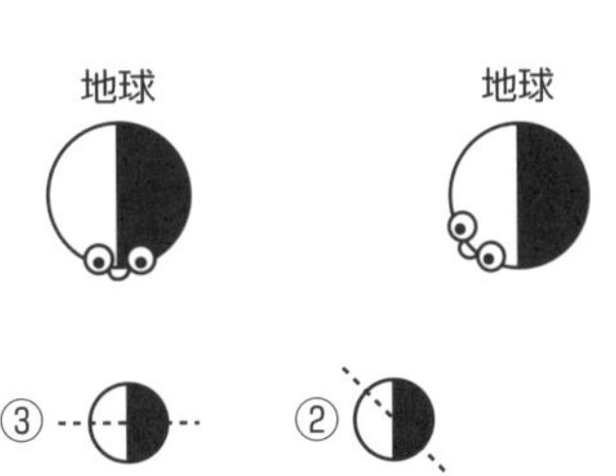


これで、月の形が変わって見える理由がわかりましたか？

月が満ち欠けする理由は、**月が地球の周りを公転することで、地球から見た時に光っている部分が変わるから**です。

ちなみに、月に顔を書いて月から地球を見た様子を考えると、月と地球は光っている部分と影になっている部分が反転していることがわかります。

地球から見た月と、月から見た地球の光っている部分を足すと真ん丸になるのです。

三日月があんなふうに見えるのがピンとこない場合には、バスケットボールを見るとわかります。ボールの真ん中では直線に見える線も、横のほうでは三日月のような曲線になりますね。

## 「月の大切な図」を描こう

前回、太陽の勉強をした時に「大切な図」を紹介しましたね。
同じように、月にも「月の大切な図」があります。それが下の図です。
先ほどの図に、月の名前と地球の時刻が描かれたものです。
地球の地軸と、自転の方向も加えました。

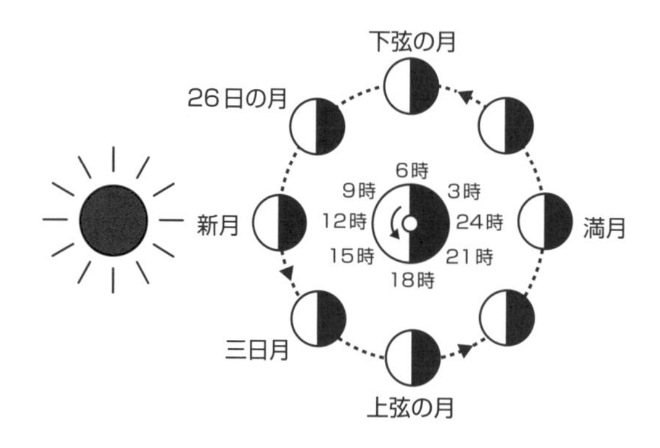


太陽のある方向がお昼の12時、太陽の反対側が24時（真夜中の12時）になるのはわかりますよね。まずは、その二つの時刻を書き込みます。

それが書けたら、地球が反時計まわりに24時間かけて1回転している様子をイメージして、間を埋めるように、反時計まわりに時刻を書き込んでいけば、図のようになります。

この図が自分で描けるようになれば、第一段階は終了です。
何も見ないで描けるようになるまで、何度も練習してくださいね。
このあと、この図を使って月の出や月の入りの時刻を考えていきますが、**自分で描いた「月の大切な図」を見ながら、先を読み進めてください**。

## 「月の大切な図」で月の出、月の入り、南中時刻を考えよう

月は、入試でもよく問題に出される分野の一つです。

| | 新月 | 上弦の月 | 満月 | 下弦の月 |
|---|---|---|---|---|
| 月の形 | | | | |
| 月の出（東） | 6時 | 12時 | 18時 | 24時 |
| 南中（南） | 12時 | 18時 | 24時 | 6時 |
| 月の入り（西） | 18時 | 24時 | 6時 | 12時 |

月の名前とその形、何時に出て、何時に南中して、何時に沈(しず)むかを、上表のようにまとめて覚える人もいます。確かにそれも一つの手段でしょう。

でも、この表に書いてあることはすべて「月の大切な図」を使って考えることができます。みんなはこの表は覚えるのではなく、「月の大切な図」を使いこなせているかどうかの確認用に使ってくださいね。

では、説明していきますよ。

まず大切なことは、**月は動かさずに考える**ということです。

月は地球の周りを公転していますが、それには約1ヵ月かかります。月の出、南中、月の入りというのは、1日の出来事です。1日単位のことを考える時に、月を動かしちゃダメなのです。

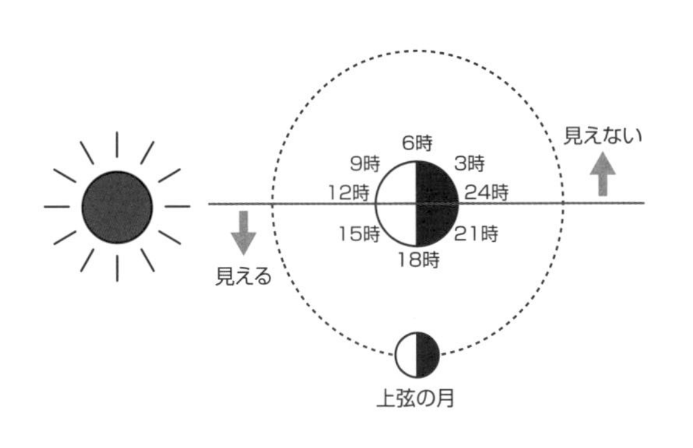


たとえば、上弦(じょうげん)の月について考えてみましょう。

1日の中での出来事を考える時は、月を動かす必要はないので、上弦(じょうげん)の月だけを残してみました。

そして、地球上で上弦(じょうげん)の月が見える部分と見えない部分を分ける線を引いてみたのが、上の図です。

地球の周りを指で反時計まわりになぞっていきながら、「あっ、24時で見えなくなったぞ」、「おっ！　12時で見え始めたな」、「18時ではちょうど真正面に来ているな」という感じで考えます。ちょうど真正面に来た時が南中です。

もう1回やってみましょうか。次は三日月を使って練習しますよ。

まずは三日月だけ残す。

地球上で三日月が見える部分と、見えない部分を考えて線を引く。

地球の自転の向きに合わせて反時計まわりに時刻をなぞりながら、どこで見え始め、どこで真正面に来て、どこで沈むかを考える。

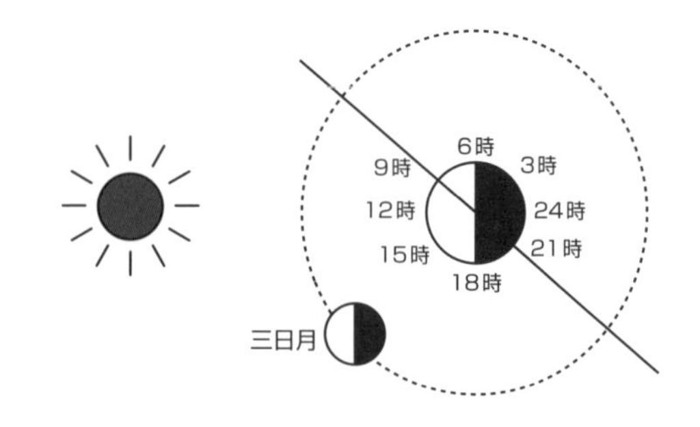


考えましたか？

三日月は9時に出て、15時に南中して、21時に沈みますね。この問題が正解できるようなら、もう月の図マスターです。

三日月が実際に観測できるのは18〜21時頃になります。
三日月の「月の出」は9時ですが、昼間は太陽が出ているので、ほとんど観測はできません。三日月の出ている9〜21時の範囲で、地球の黒くなっている部分である18〜21時だけが、三日月を実際に観測できる時間になるのです。

月の満ち欠けの周期を覚えてますか？ **29.5日**でしたね。つまり、だいたい1ヵ月です。1ヵ月はだいたい4週間だから、新月から満月まではおおよそ2週間。そこから考えると新月から上弦の月、上弦の月から満月までがだいたい7日くらいかと考えられます。

ちゃんと自分で書いた「月の大切な図」を見ながら、この説明を読んでくださいね。

## 月の裏側は見えない

「月ではウサギさんが餅つきをしている」なんて話を聞いたことはありませんか？

ウサギに見えるかどうかはさておき、月を見ると白っぽく見える部分（月の陸）と黒っぽく見える部分（月の海）があることに気づくと思います。

もちろん実際に海はありませんが、昔の人は陸と海があると思ってそんな名前をつけました。

なお、月の陸の部分には**クレーター**と呼ばれる隕石の衝突によってできた穴がたくさんあります。月の海の部分は、地下から噴き出たマグマが固まって大きなクレーターを埋めたから平らです。それが玄武岩なので、黒く見えるんですね。

月の表側
（地球から見える側）

ところで、月の模様がどう見えるかは、国によってカニだったり女性だったり様々です。でもこれらは、いつも同じ模様が見えているからこそ考え出されたものだということがわかるかな？　毎日違う模様が見えるのなら、誰も「月ではウサギが餅つきしている」なんてことは言いませんよね。

じつは、**地球から見える月の面はいつも同じです**。つまり、**地球からは月の裏側を見ることができない**のです。

先生は、幼稚園の時の友達に「月の裏側には宇宙人の秘密基地があって、だからずっと同じ面を地球に向けているんだ」と教えられて、５年生になるまで信じていました。

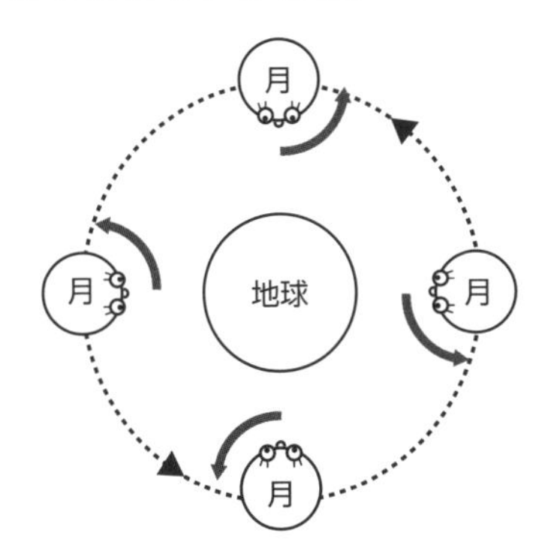


本当に秘密基地があるかどうかは知りませんが、**月の裏側が見えない理由は、月の公転と自転が、向きも周期も同じだから**です。

よく、月の公転周期と自転周期が同じだからと略して使われたりしますが、周期だけでなく向きも同じだということは頭の片隅に入れておいてください。

月がいつも地球に同じ面を向けて公転している様子を上図にしてみました。わかりやすいように、月に顔をつけておきましたよ。

自転も公転も、向きはどちらも反時計まわりでしたね。

## 月の公転と満ち欠けの周期が違うワケ

月の公転周期と月の自転周期は、両方とも**約 27.3 日**です。

月の公転周期…**約 27.3 日**

月の自転周期…**約 27.3 日**

つまり、月は地球の周りを1周するのに約27.3日かかるのです。
「あれれれれれれ？」って思った人、いますか？
さっき満ち欠けの周期は**29.5日**だということを確認したばかりなのに、1周するのが27.3日しかかからないのは変な感じがしますよね。

なぜ、2.2日の差が生じてしまうのか？
その理由はズバリ、地球も動いているからです。
月が1回公転する27.3日の間、地球はそこでじっとしているのではありません。その間に地球も太陽の周りを公転して動いています。
するとどうなるかというと、次の図のようになります。

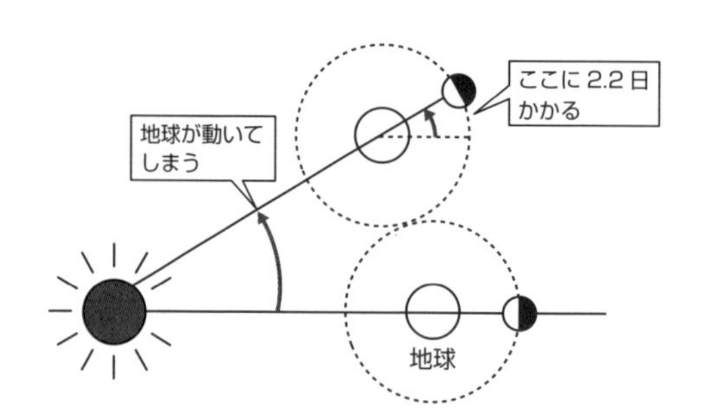


月は地球の真横に並んだ時点で1回公転を終えていますが、満月だった月が再び満月になるには、もう少しだけ動く必要がありますよね。
この部分を移動するのに2.2日かかるということです。

## 日食は月が太陽を隠してしまう現象のこと

月が起こす珍（めずら）しい天文ショーの一つに、**日食**があります。月が太陽を隠してしまう現象のことです。新月の時、まれに観測できます。
この現象は、太陽—月—地球が、どの方向から見ても一直線になった状態で並んだ時に起こります。
しかし、地球の公転面と月の公転面は同じ平面上にあるのではなくずれているので、この三つがどこから見ても一直線に並ぶことはめったにありません。だから、とても珍（めずら）しい現象なのです。
その中でもとくに珍（めずら）しいのが、皆既（かいき）日食と金環（きんかん）日食です。どちらも、三つの天体が完全に一直線に並ばないと見えないからです。
ほぼ一直線ですが、よく見ると少しずれてしまっているような場合は、太陽の一部だけ隠れる「部分日食」しか観察できないのです。

皆既日食

金環日食

- **皆既日食**…太陽が月に完全に隠された状態の日食。太陽の周りにはコロナやプロミネンスが現れる。
- **金環日食**…太陽の端だけドーナツ状に見える状態の日食。

## 皆既日食と金環日食は、地球と月との距離の違いで起きる

皆既日食と金環日食は、同時に観察することができません。

次の二つの図を見比べてみてください。注目してほしいのは、地球と月の距離です。

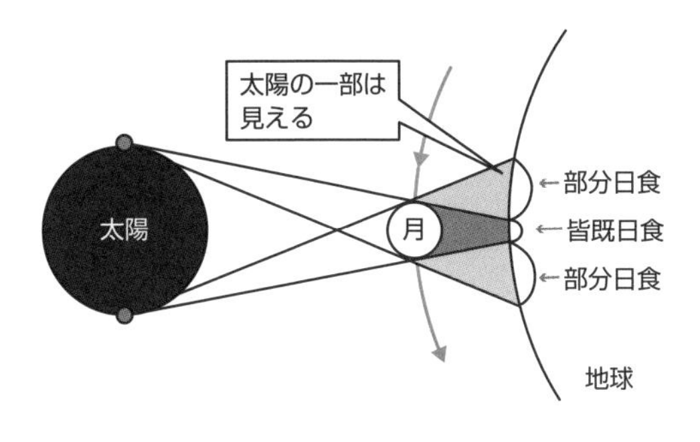


皆既日食の様子

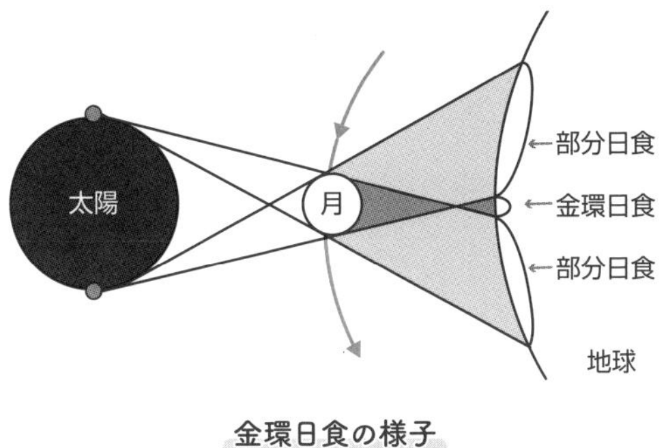


金環日食の様子

月の公転軌道はきれいな円でなく楕円軌道です。そのため、地球と月の間の距離は日々変化します。その変化は、月を見てすぐに気がつくことはありません。周りに比べる対象がないですからね。

しかし、日食の場合は、そのわずかな差が太陽をすっぽり隠すか隠さないかの違いになって表れるのです。

月と地球が近い時は月が大きく見えるから皆既日食、月と地球が遠い時は月が小さく見えるから金環日食になるということです。

他にこの図で注意してほしいのは、皆既日食や金環日食の周りです。「部分日食」という部分に立っている人は、目の前に月があるわけではありません。

そのため、太陽の一部が月に隠される部分日食しか観察できません。

皆既日食や金環日食を観察できるのは、月と太陽を結んだ直線上に位置する、本当にかなり限られた場所だけなのです。めったに起こらず、かつ限られた場所でしか見られない現象なので、遠いところまで出かけて観測する人もたくさんいるのですね。

最後にこの図で考えてほしいのは、日食では「太陽は左右どちらから欠けるのか？」ということです。

仮に地球の自転を止め、月が動いて地球の前にある太陽を隠しにくると考えてみます。すると、月はどちら側から来るでしょうか？

月は地球の周りを反時計まわりにまわっているので、月は右から来ます。つまり、日食では太陽は**右から**欠けていくのです。

## 月食は月が地球に隠れてしまう現象のこと

月が起こすもう一つの珍しい天文ショーが、**月食**です。月が、地球の影に隠れてしまう現象のこと。満月の時、まれに観測できます。

この現象は、太陽―地球―月が、どの方向から見ても一直線になった状態で並んだ時に起こります。もちろん、地球の公転面と月の公転面はずれていますから、日食と同じでいつでも起こるものではありません。

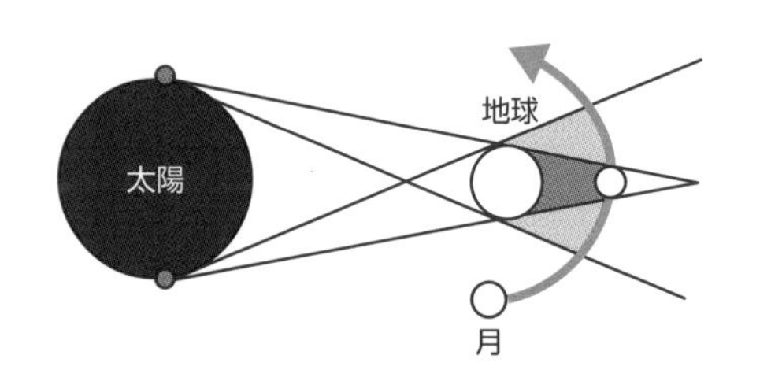


太陽の光が地球の後ろに影をつくり、その影に月がすっぽり入ると皆既月食、影の一部に月が入ると部分月食になります。

地球の影は月よりもかなり大きいから、金環食になることはありません。

## 月食と日食が異なること

金環食がないこと以外にも、日食と違う点があります。

一つは、月食は月が見えている地球上のすべての地域で観測できるということです。日食は月がつくった影に入る限られた地域でしか観測できません。

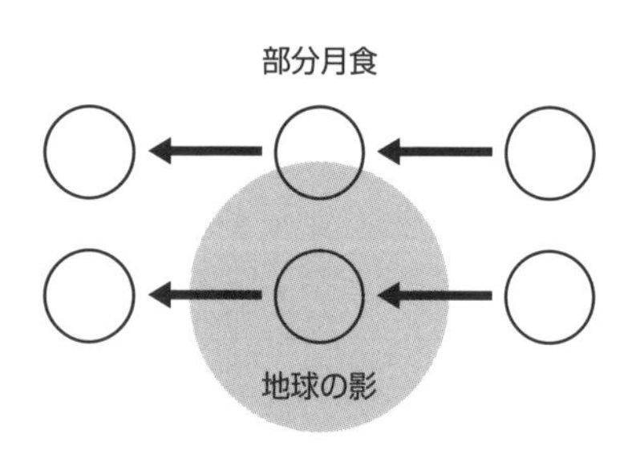


月食の場合は、月自体が地球の影に入って隠れてしまうから、月さえ見える場所なら、どこでも同じようにその様子が観測できるのです。

もう一つは、欠けていく方向です。

同じように地球の自転を止め、左図のように地球の影がある場所に、月が動いて入ってくる様子をイメージしてください。月の**左から影に入っていく**のがわかりますね。

では、最後に入試問題を使って復習しますよ。

## 難関中学の過去問トライ！ (豊島岡女子学園中学)

下の図は、地球の北極上空から見た太陽・地球・月の位置関係を模式的に表したものです。以下の問いに答えなさい。

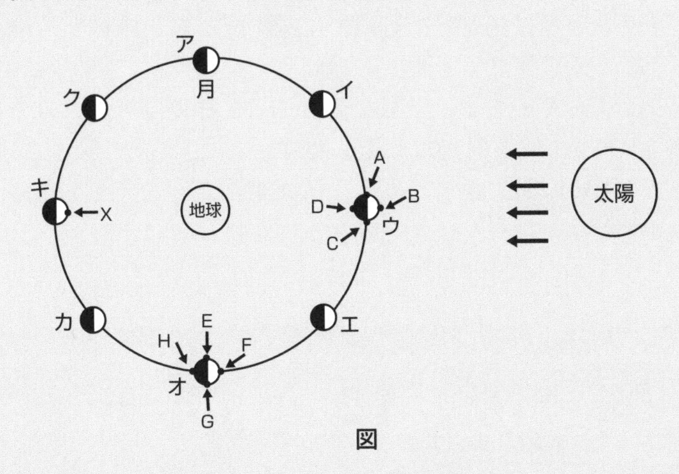


図

(1) 月が図のキの位置のときの月面上の点xは、月がウ、オの位置のときでは、A～D、E～Hのどの点にありますか。それぞれ選び、記号で答えなさい。

(2) 東京の真南の空に、上弦(じょうげん)の月が見えました。この日から15日後の【月の形】をあ～きから、15日後の月が地平線からのぼってくる【時刻】をく～そから、最も適当なものをそれぞれ選び、記号で答えなさい。

【月の形】

あ　い　う　え　お　か　き

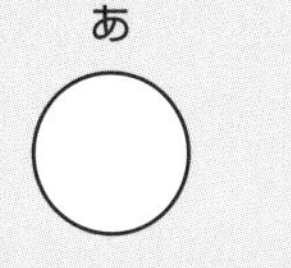

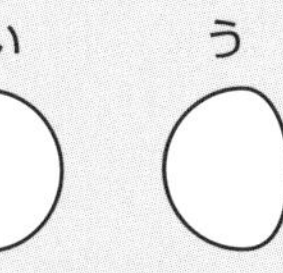

【時刻】 く．午前３時頃　け．午前６時頃　こ．午前９時頃
さ．正午頃　し．午後３時頃　す．午後６時頃
せ．午後９時頃　そ．真夜中頃

## 解説

（1）これは、「月はいつも同じ面が見えている」ことを理解しているかどうかを問う問題です。
正解はウの位置ではD、オの位置ではEです。

（2）これは、「月の大切な図」を描きながら説明をしましたね。月の満ち欠けの周期は約29.5日。約1ヵ月だから、新月から満月まではだいたい2週間でしたね。
同じように考えると、上弦（じょうげん）の月から15日後は下弦（かげん）の月。月の形は「お」、昇ってくる時間は「そ」です。
「月の大切な図」は本問のように太陽の方向を変えて出題されるので、暗記ではなく、自分で描けるように練習しましょう。

# 星の分類と四季の星座

## 星は、恒星・惑星・衛星の3種類に分類できる

今回は「星」について学んでいきましょう。
その前に、星は3種類に分類できるので表にしておきますね。

| | | |
|---|---|---|
| 恒星 | 自分で光っている星 | 太陽・シリウスなど |
| 惑星 | 恒星の周りを公転している星 | 地球・金星など |
| 衛星 | 惑星の周りを公転している星 | 月など |

これで、人工衛星（えいせい）の意味がわかった人もいるんじゃないかな？
衛星（えいせい）は、惑星（わくせい）の周りをまわっている星のことです。人間がつくったものは人工衛星（えいせい）で、月は天然の衛星（えいせい）になります。

太陽が恒星（こうせい）であることは知っていると思うけれど、夜空の星座をつくる星々が恒星（こうせい）なのはご存じでしたか？
夜空の星は、地球から遠いところにあるので近くには行けないけれど、もしそこに近づくことができたなら、太陽のように大きく、まぶしい光を出しています。距離（きょり）があまりに遠いので、点のように小さく、暗くしか見えないのです。

そして、そのまぶしい恒星の周りを惑星がまわり、惑星の周りを衛星がまわっています。惑星や衛星は自分で光を出していないので、私たちには見えませんが、宇宙にはとてもたくさんの星があるのです。

金星や月は、地球からの距離が近いので、太陽の光を反射した光が肉眼で確認できますが、遠い恒星の周りをまわる惑星や衛星が反射した光は、目で見ることができません。

## 星の明るさと色について

夜空に輝く恒星を線で結んで、様々な形を連想したものが星座です。
みんなも雲を見て、「あれ？　○○みたいな形してるな」って思ったことはあるでしょう。同じように、昔の人たちは夜空の星を線で結んで何に似ているのかを考えていました。

星座の名前を誰が決めたのかは諸説あり、はっきりとわかってはいません。昔の人たちが夜空を眺めていた様子に思いをはせながら、学習を進めていきましょうね。

昔の人が夜空を眺めていてまず気がついたのは、星の明るさの違いです。明るく見える星もあれば、暗い星もありますよね。
ちなみに、今と昔で肉眼で見える星の数はまったく違います。先生は東京に住んでいますが、夜空を見ても数えられるほどの星しか見えません。でも、昔は数えきれないくらいの星が夜空に輝いて見えていました。

これは、星が減ったということではありません。今と昔では、周囲の明るさに違いがありますよね？　現代は、夜になっても街灯や部屋の明かりで周りが明るいので、その光が邪魔になり、見える星の数が少なくなってしまうのです。

先生も数回しか経験はないけれど、本当に周りが真っ暗なところで星を見て感動したことがあります。これは、みんなにもぜひ一度体験してほしいことの一つです。少し遠くまで出かける価値は間違いなくありますよ。その場合、新月の日に行くことをおすすめします。満月の日は明るいですからね。

## 肉眼で見える１～６等星。１等星は６等星の100倍明るい

さて、昔は現代のように明るさを測定する機械がなかったため、肉眼で見えるもっとも明るい星のことを１等星、肉眼でギリギリ見える明るさの星を６等星と、６段階に分類しました。

でも、さっきも言ったように、現代では周りが明るいので肉眼で５等星や６等星が見られる場所はほとんどありません。

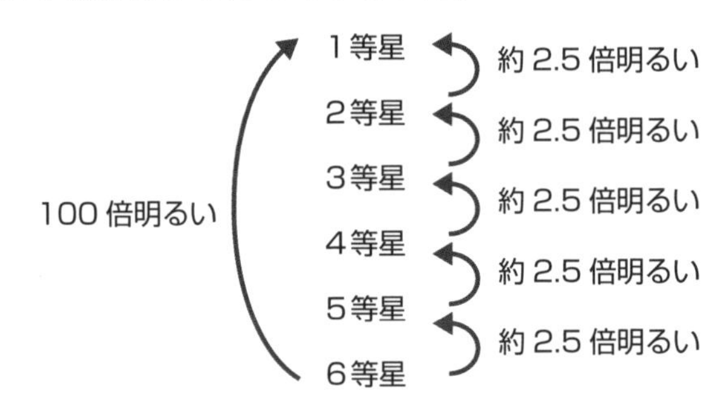


１等星の明るさは、６等星の明るさの**100倍**です。

等級が一つ違（ちが）うと、その明るさの差は**約2.5倍**。それぞれの数値は覚えておきましょうね。

基準はあくまでも、１等星が６等星の100倍の明るさということです。2.5を５回かけ算すると、2.5×2.5×……2.5＝97.65625となるので、１等級違（ちが）うと明るさは約2.5倍の差という計算になります。

## 恒星の色の違いは、表面温度の違い

次に、星の色について。

先生が満天の星空を見た時に、まずビックリしたのはその数でした。星の数に圧倒され、ただただ星空を眺（なが）めていると、だんだん星の明るさに違（ちが）いがあることに気がつき、そのあと色が違（ちが）っていることに気がつきました。

昔の人たちも先生と同じように、色の違（ちが）いに気がついていたことでしょう。色の違（ちが）いを、星座を見つける時の目印にしていたはずです。

もちろん、その当時は星の色が違（ちが）う理由はわかっていませんでしたが、今では**恒星（こうせい）の色が違（ちが）うのは恒星（こうせい）の表面温度が違（ちが）うから**とわかっています。

● **星の色と温度**

| 色 | 表面温度 | 代表的な恒星 |
| --- | --- | --- |
| 青白 | 15000℃ | リゲル(オリオン座)<br>スピカ(おとめ座) |
| 白 | 10000℃ | シリウス(おおいぬ座)<br>ベガ(こと座) |
| 黄 | 6000℃ | 太陽 |
| 橙 | 4500℃ | |
| 赤 | 3000℃ | ベテルギウス(オリオン座)<br>アンタレス(さそり座) |

もっとも温度の高い恒星(こうせい)は、青白い色。温度が下がるにつれて、白、黄、橙(だいだい)、赤と変わっていきます。

温度が一番高いのは「**青白**」、温度が一番低いのは「**赤**」だということは重要です。覚えるのではなく、ガスバーナーやガスコンロの火をイメージしましょう。弱火は赤、強火は青になりますよね。

表にある星の色と名前は、**星座名とセットで**覚えてください。星座の名前は、ひらがなまたはカタカナで表します。「正しい表記」が決まっているので、うっかり漢字で書かないように注意が必要です。

## 春・夏・冬の大三角をつくる星と星座

星座は全部で88個ありますが、覚えなくてはならないのは15個程度です。まず、春と夏と冬にある大三角をつくる星座を覚えましょう。

### 春の大三角

- **うしかい座のアルクトゥルス**
- **おとめ座のスピカ**
- **しし座のデネボラ**

春の大三角

このうち、デネボラだけは2等星なので注意。しし座にはレグルスという1等星があるのですが、これを結ぶとかなり細長い三角形になってしまうので、2等星のデネボラを使って三角形をつくっています。

**夏の大三角**

- **わし座のアルタイル**
- **こと座のベガ**
- **はくちょう座のデネブ**

これらはすべて1等星です。わし座のアルタイルは「ひこぼし」。こと座のベガは「おりひめ」と呼ばれることもあります。「おりひめ」と「ひこぼし」はちょうど天の川の両岸に、**はくちょう座は天の川の真上**にいますね。

夏の大三角

**冬の大三角**

- **オリオン座のベテルギウス**
- **こいぬ座のプロキオン**
- **おおいぬ座のシリウス**

これらもすべて1等星。**おおいぬ座のシリウスは、全天でもっとも明るい恒星**ということは絶対暗記してほしいところです。

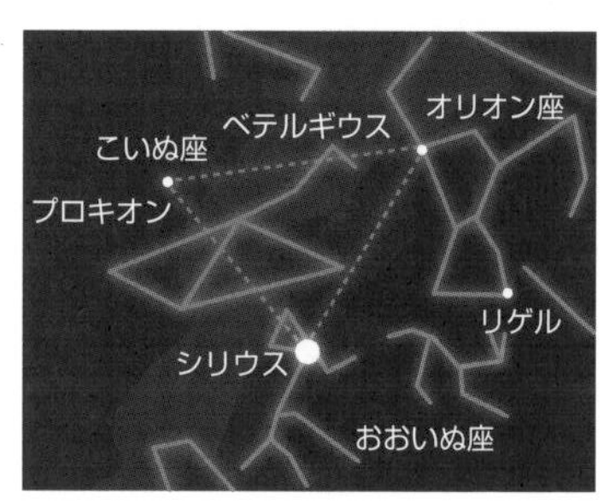


冬の大三角

## 夏のさそり座、冬のふたご座

大三角をつくる9個の星座を覚えたら、次は夏に見えるさそり座と、冬に見えるふたご座の形を押さえましょう。

さそり座はアンタレスという赤い1等星を持ち、夏の南の低い空に見える星座であることも重要です。

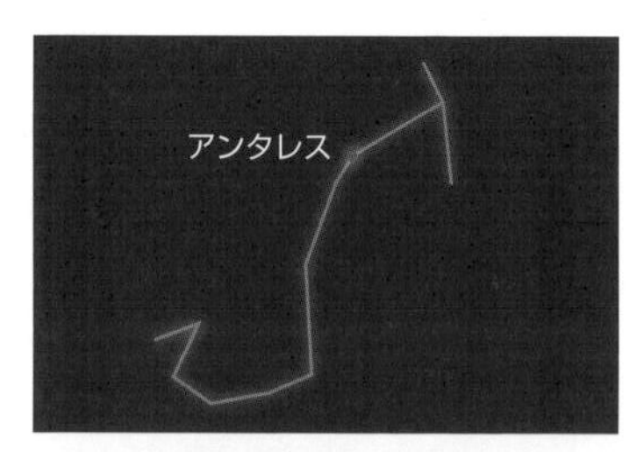


さそり座とアンタレス

ふたご座は、形を見て「ああ、ふたご座だな」って判断できればOK。

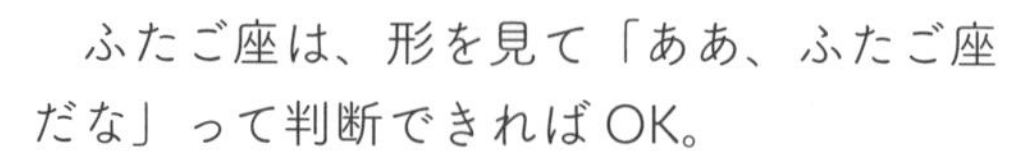

あとはカシオペヤ座、こぐま座、おおぐま座の三つですが、これらはワンセットで覚える必要があるので、その話をしていきますね。

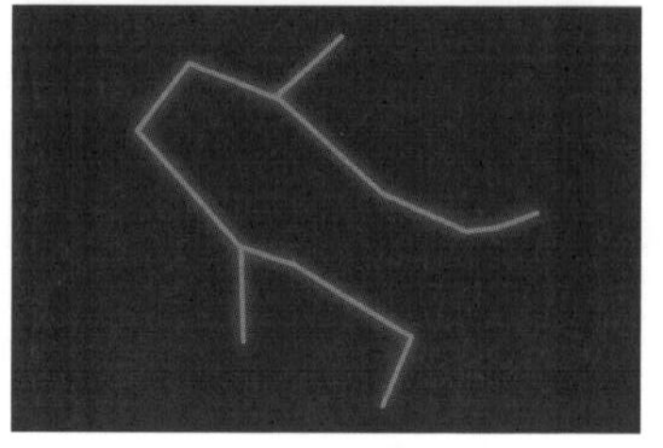

ふたご座

## 目印としての北極星

現代では手元のスマホに行き先を入力すれば、目的地までの距離やルートばかりか、所要時間もすぐにわかります。スマホが登場する前は、みんな紙に書かれた地図を使っていました。

では、紙の地図もない大昔には、どうやって目的地に向かったのでしょう？勘に頼って適当に行くのは不安ですよね。

おそらく村の長老から目的地のおおよその方角と目印を聞き、その目印を目指して行ったのだろう…と先生は思っています。

ただ、昼間は太陽や遠くの山の位置を頼りに、その方角へ進むこともできますが、真っ暗な夜は目印を探すのも簡単ではありません。

そのため、方角を知る手段として使われたのが北極星です。北極星には、目印になる要素が二つもあったからです。

- いつも真北にあって同じ位置に見える（**真北の位置で動かない**）。
- **北極星の高度はその土地の緯度と等しい**。

北極星さえ見つけることができれば、進んでいる方角と今いる位置の緯度（南北の位置）を夜でも把握することができます。

ただ、残念なことに北極星は2等星でした。全天に21個しかない1等星ほど簡単には見つけられません。そこで、北極星を見つける方法を考える必要があったのです。

北極星は、地軸の延長線上にあります。地軸の延長線上にあると動かないことを理解するためには、家のランプの下に立って、クルクル回転してみるといいでしょう。周りの景色は回転しますが、上を見上げたら、ずっとそこにランプがありますね。回転している軸の延長線上にあるものは、いつも同じ位置で見えるのです。

## カシオペヤ座と北斗七星から北極星を見つける方法

北極星の探し方は、北の空に見える特徴的な形をした北斗七星を利用する方法と、カシオペヤ座を利用する方法です。これは両方ともしっかり覚えてください。

北斗七星は、ひしゃくのような形をした星の集まりです。次ページの図のように、ひしゃくの先端部分を5倍に伸ばした位置に北極星が見つかります。

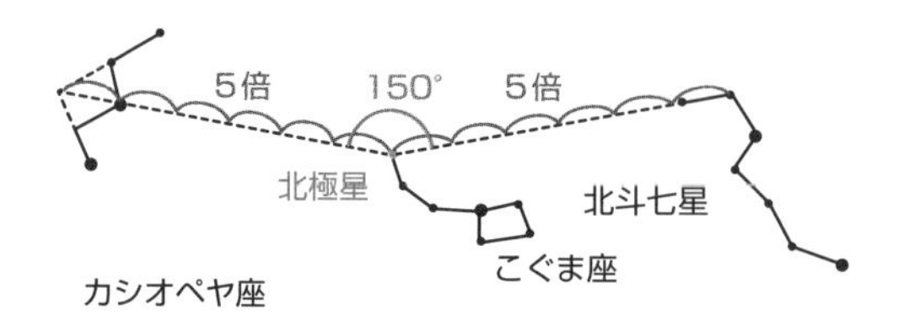


カシオペヤ座は英語のWのような形をしています。Wの横の部分を伸ばして重なった点から、中心の星の部分までの距離を同じく5倍にした位置に北極星が見つかります。

ちなみに先生は、Wの伸ばした部分を弓の弦と考え、そこに矢をセットするイメージで考えています。2種類の見つけ方があれば、どちらかが山やビルに隠れていたとしても、もう一方は空に出ているので、便利ですよね。

春頃は北斗七星が、秋頃はカシオペヤ座が使いやすい位置にありますよ。

北斗七星の話が出てきたので、少し関係するお話をしておきましょう。

入試では、北斗七星とオリオン座の二つがよく問われます。

そのため、名前だけではなく、その周辺知識と20時の位置を把握しておく必要があります。20時はまじめな子でも起きている時間で、かつ暗くなって星が見える時間ということなのか、入試では20時前後の出題が多いのです。

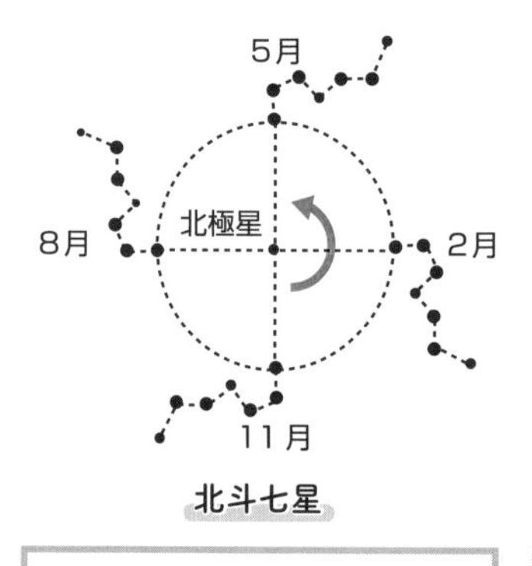


北斗七星

オリオン座
2月
東
南
西

オリオン座

- 20時の位置は上の四つを覚える。受験のある2月を基準にする
- 北斗七星は星座ではなく**おおぐま座の一部**

- 受験のある2月の20時頃に南中する
- **三つ星は、真東から出て真西に沈む**
- 三つ星は、**東ではたて、西では横**に並んでいる
- 二つの1等星がある
  リゲル（青白）、ベテルギウス（赤）

## 方角と星の動き方

北斗七星は北に見える星の、オリオン座は南の空を通る星座の代表的な存在ですが、星は次の図のように東の空では左下から右上に、南の空では左か

ら右に、西の空では左上から右下に動いているように見えます。
北の空では、北極星を中心に反時計まわりに回転しているように見えます。

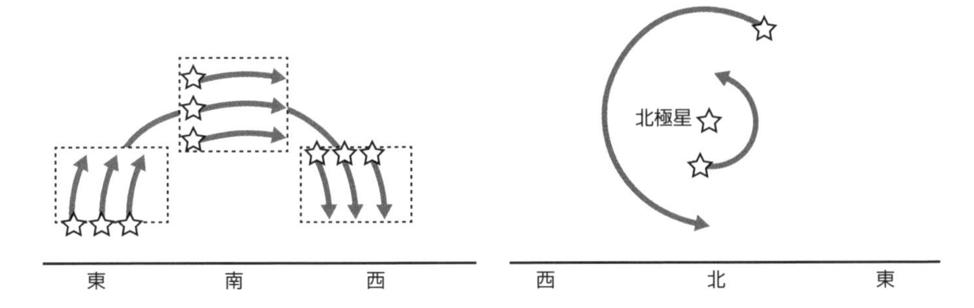


これらは覚えるのではなく、東から西に頭の上を通るように大きく手をまわしてみれば簡単にわかります。

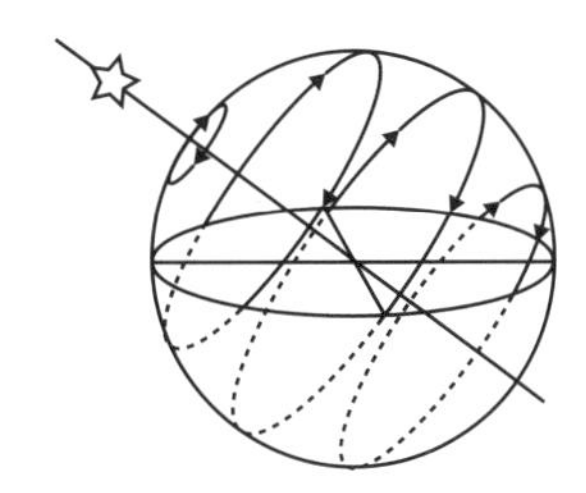

まずは南を向いて、次に北を向いて、どちらも東から西へ頭の上を通るように手を大きくまわしてみてください。上の図のように動くでしょう？
天球図に、北極星を中心にまわる星の様子を書いて考えることもできますね。

## 日周運動と年周運動

1日での星の動きのことを**日周運動**と言います。1年での星の動きは**年周運動**と呼ばれています。

日周運動が起こるのは、**地球が自転をしているから**です。
西から東に1日1回転するから、東から西に動いているように見えます。これは、太陽や月が動いて見える理由と同じですね。
年周運動が起こる理由は、もちろん**地球が公転しているから**です。

大切なのは、どのくらいの角度で動いているように見えるのかということです。
日周運動では、地球は1日（24時間）で1周（360°）回転するので、**1時間では**360 ÷ 24 = **15°**動いているように見えます。
年周運動では、地球は太陽の周りを1年（12ヵ月）で1周（360°）まわるので、**1ヵ月では**360 ÷ 12 = **30°**動いているように見えます。

つまり、ある日の20時に観測した星は、その日の21時には、その場所から15°動いた場所に、ある日から1ヵ月後の20時には、30°ずれた場所に観測できるということです。



## 難関中学の過去問トライ！（青山学院中等部）

③ 下の図は日本で冬の南の空に見える、主な星座の位置関係を表しています。A～Eの記号がついた星は、すべて一等星です。

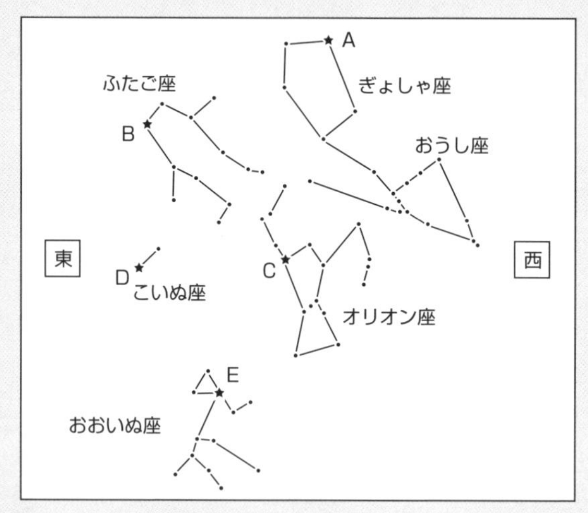


（1）図の記号がついた星の中で、最も赤く光って見える星の記号と名称を答えなさい。

（2）冬の大三角形を作る3つの星をすべて選び、A～Eの記号をアルファベット順で答えなさい。

（3）図の星や星座は東から西へ移動して見えます。その時の様子を説明したものとして正しいものを選びなさい。

ア　CとDの星では、Cの方が先に東の空にあらわれる
イ　A～Eの星の中で、最後に東の空にあらわれるのはBである
ウ　BとEの星では、Bの方が先に西の空にしずむ
エ　A～Eの星の中で、最後に西の空にしずむのはEである

### 解説

（1）赤い星は、Cのベテルギウスです。

（2）冬の大三角をつくるのは、Cのベテルギウス、Dのプロキオン、E

郵便はがき

料金受取人払郵便

新宿局承認

3345

差出有効期間
2025年9月
30日まで

163-8791

999

（受取人）

日本郵便 新宿郵便局
郵便私書箱第330号

# （株）実務教育出版

愛読者係行

| フリガナ<br>お名前 | | 年齢　　歳<br>性別　男・女 |
|---|---|---|
| ご住所 | 〒 | |
| 電話番号 | 携帯・自宅・勤務先　（　　） | |
| メールアドレス | | |
| ご職業 | 1. 会社員 2. 経営者 3. 公務員 4. 教員・研究者 5. コンサルタント<br>6. 学生 7. 主婦 8. 自由業 9. 自営業 10. その他（　） | |
| 勤務先・学校名 | | 所属（役職）または学年 |
| 今後、この読書カードにご記載いただいたあなたのメールアドレス宛に実務教育出版からご案内をお送りしてもよろしいでしょうか | | はい・いいえ |

**毎月抽選で５名の方に「図書カード１０００円」プレゼント！**

尚、当選発表は商品の発送をもって代えさせていただきますのでご了承ください。
この読者カードは、当社出版物の企画の参考にさせていただくものであり、その目的以外には使用いたしません。

■愛読者カード

【ご購入いただいた本のタイトルをお書きください】

| タイトル |
| --- |
| |

ご愛読ありがとうございます。
今後の出版の参考にさせていただきたいので、ぜひご意見・ご感想をお聞かせください。
なお、ご感想を広告等、書籍の PR に使わせていただく場合がございます（個人情報は除きます）。

……………………………該当する項目を○で囲んでください……………………………

◎本書へのご感想をお聞かせください

| | | | | |
| --- | --- | --- | --- | --- |
| ・内容について | a. とても良い | b. 良い | c. 普通 | d. 良くない |
| ・わかりやすさについて | a. とても良い | b. 良い | c. 普通 | d. 良くない |
| ・装幀について | a. とても良い | b. 良い | c. 普通 | d. 良くない |
| ・定価について | a. 高い | b. ちょうどいい | c. 安い | |
| ・本の重さについて | a. 重い | b. ちょうどいい | c. 軽い | |
| ・本の大きさについて | a. 大きい | b. ちょうどいい | c. 小さい | |

◎本書を購入された決め手は何ですか

a. 著者　b. タイトル　c. 値段　d. 内容　e. その他（　　　　　　　　　　　　）

◎本書へのご感想・改善点をお聞かせください

◎本書をお知りになったきっかけをお聞かせください

a. 新聞広告　b. インターネット　c. 店頭（書店名：　　　　　　　　　　　　）
d. 人からすすめられて　e. 著者の SNS　f. 書評　g. セミナー・研修
h. その他（　　　　　　　　　　　　　　　　　　　　　　　　）

◎本書以外で最近お読みになった本を教えてください

◎今後、どのような本をお読みになりたいですか（著者、テーマなど）

ご協力ありがとうございました。

のシリウスですね。

(3) 星が動く様子をイメージしなくてはいけません。図はわかりやすいように、オリオン座とDだけにしてみた状態です。正解は**ア**ですね。

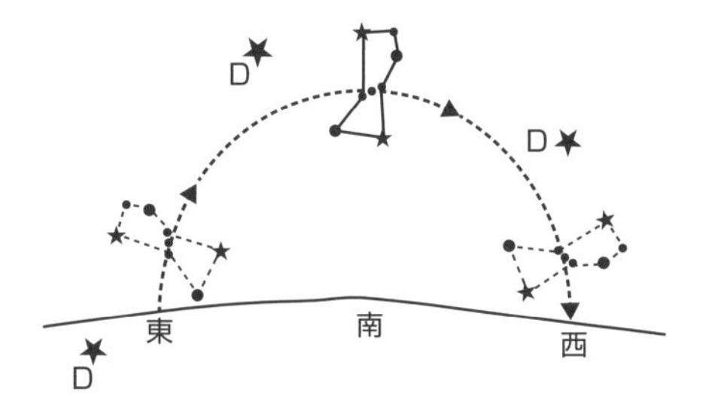


# 地球

## 地球1周は約4万km

今回は今まで学習した知識を使って、地球に関連した部分をもう少し掘り下げて考えていきますよ。

まずは大きさについて。地球の大きさは、赤道付近で1周**約4万km**です。地球で覚えるべきことは、これだけでOKです。

教科書などでは、直径約13000kmと載っていることが多いのですが、先生は1周を覚えることをおすすめします。

直径は3.14で割れば、簡単に出せます。太陽や月の直径も覚える必要はありません。でも、テストでは太陽の直径を聞かれたりもします。そこで、覚えるべきは地球を基準とした時の、太陽と地球と月の大きさの比です。

これは、だいたい **109：1：$\frac{1}{4}$** になります。

| 太陽の大きさ | 地球の大きさ | 月の大きさ |
|---|---|---|
| 109 | 1 | $\frac{1}{4}$ |

大きさの比さえ覚えておけば、あとは全部計算できますね？　地球1周4万kmだけ覚えておき、それ以外は計算できるようにしておけば十分です。

大きさの比から、太陽と月の大きさは、約400倍違うこともわかります。地球から見ると、太陽も月もほぼ同じ大きさに見えるのは、太陽のほうが月よりも約400倍遠いところにあるからです。

## なぜ、江戸と大阪では時刻が違っていたのか？

さて、次は時刻です。え!?　時刻と天体なんて関係ないじゃんって？

いやいや、じつはとても深い関係があるんですよ。

「昔は月の満ち欠けで何月かを決めていた」という話をしたのを覚えていますか？　日付は〇月△日で表します。「〇月」と月を決めていたのがお月様なら、「△日」と日にちを決めていたのはお日様です。

昔の人は、1日の中での出来事はお日様を、1ヵ月の中での出来事はお月様を、1年の中での出来事はお星様を基準に考えていたのです。時刻は1日の中での出来事なので、太陽の動きが関係しているのです。

では、「昔は東京と大阪で時刻が違っていた」という話から始めましょう。今のように、時計がどこにでもあるわけではなかった江戸時代、人々は時刻をどうやって知っていたのでしょうか？

答えは鐘の数です。日の出と日の入りを基準に昼と夜を6等分し、鐘を打つ回数を変えることで時刻を知らせていました。

もちろん、日の出や日の入りの時刻は地域によって違います。でも、それを基準にしていたので、東京と大阪では時刻が違っていたのです。

今と違って、電車での移動や電話もない時代ですから、地域によって多少時差があっても大きな問題はなかったのでしょう。

ちなみに、昼や夜を6等分した一つの単位を「一刻」と呼んでいました。日照時間は季節によって違うので、「一刻」の長さも変化しますが、だいたい2時間くらいが一刻です。

それを知った時、「一刻を争う事態」というのは意外とのんびりしているんだなって思ってしまいました。どうでもいいですね。

あとは現在の午後３時前後は鐘を８回打っていたので、今でも「おやつ」の時間なんて言うんです。おやつはとても重要ですね。

## 近代化とともに、国の統一した時刻が必要になった

ちょっと関係ない話をしてしまいましたが、本題に戻りましょう。

江戸と大阪で時刻が違ったように、昔は世界の国で好き勝手にその国の時刻を決めていました。馬車や手紙の時代は、それでも大きな問題がなかったのです。でも、電車や電話の時代を迎え、移動手段が発達し、国をまたいだ移動が当たり前になってくると、統一した時刻の決め方、基準がないと大変なことになります。

そこで、現在では国ごとにその国の基準となる経度を定め、そこで**太陽が南中する時刻を基準**に時刻を決めています。

日本では、**兵庫県の明石市**の位置する**東経 135°**を基準にしていて、東経135°を通る線は、**日本標準時子午線**と呼ばれています。

でも、どうして明石市が基準なのでしょうか？　これは、何か特別な理由があって明石市が選ばれたわけではありません。たまたま明石市が東経 135°の子午線上にあった、というだけの話なのです。

## 19世紀後半、グリニッジ子午線が経度0°の基準になった

そもそも、赤道という明確な基準から決める北緯や南緯と違って、東経や西経はどこを基準にすることも可能ですから、昔は世界の国が好き勝手に決めていたのです。当然時刻も自由に決定していました。

しかし、19 世紀後半にもなると、鉄道の発達などにともなって、各国で統一した基準をつくらないと不便になってきました。

そこで、世界の時刻の基準となる本初子午線を決める会議が開かれ、その結果グリニッジ子午線が国際的な経度０°の基準に決まったのです。

## 時差は「経度15°で1時間」と計算する

せっかく本初子午線が決まっても、各国が好き勝手に時刻を決めるのをやめなければ、あまり意味がありません。国ごとの時間の差を**時差**と言いますが、「よーし！　立木帝国は、先生の家から見て南中した時を基準に時刻を決めよう！」なんて各国が勝手に基準を決めていては、「この国との時差は2時間12分、この国との時差は4時間12分」というような、細かい時差になってしまいます。

でも、15の倍数を基準にしたらどうでしょうか。知っての通り、星も太陽も1時間に動く角度は15°です。これは地球が1時間に15°回転するからです。

すべての国が15の倍数を基準に時刻を決めれば、各国の時差はキリのよい時間になります。たとえば、経度（けいど）0°を基準としているイギリスと日本の時差は、135 ÷ 15 ＝ 9時間ですね。

## 「日付変更線」のすぐ西の日本などが、早く日付が変わる

日本とイギリスの時差が9時間だとわかっても、イギリスは日本の時刻の9時間前なのか、9時間後なのかでは、大違い（おおちがい）です。

ですから、「時差を考える時にはどちらのほうの時刻が早いのか？」を理解する必要があり、その時に使うものが日付変更線です。

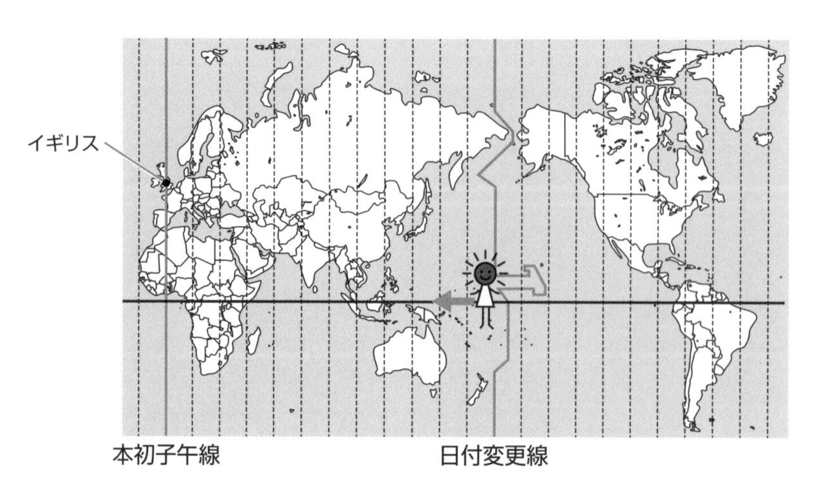


日付変更線で生まれて、東から西へと移動する「太陽くん」というキャラクターを使って考えてみましょう。

この太陽くんは１日に１回生まれるのですが、たとえば、４月15日に日付変更線上で生まれた太陽くんが各国の定めるポイントに来た時が、その国の４月15日の正午になります。

つまり、太陽くんが来るのが早ければ早いほど、早く４月15日の正午を迎えることができるということです。
太陽くんは日付変更線で生まれ、各国に南中時刻を知らせるために、西へ西へと移動していくので、日付変更線のすぐ西にあるオーストラリアや日本には、すぐに南中のお知らせがきます。つまり、早く日付が変わる国ということです。

それに対して、日付変更線のすぐ東側に位置するアメリカなどは、最後のほうに日付が変わる国ということですね。太陽くんが日本に「正午のお知らせ」を届けた時は、太陽くんは日本の真南にいます。つまり、イギリスから見たら太陽くんは、はるか東にいることになります。

そこから太陽くんが西へと歩き、９時間後にイギリスの真南にたどり着くと、やっとイギリスに「正午のお知らせ」が届くことになります。
そのため、日本の時刻のほうが早いのです。
たとえば日本が12時の時、イギリスはまだ午前３時ということです。

## 経度から時差を計算し、各都市の日付・時刻を考えよう

日本で４月15日12時の時、次の（1）～（3）の国（都市）は何月何日の何時か考えてみましょう。

（1）ロシア（モスクワ）　東経45°
（2）アメリカ（ニューヨーク）　西経75°
（3）オーストラリア（キャンベラ）　東経150°

（1）135 － 45 ＝ 90°　90 ÷ 15 ＝ ６時間
ロシアのほうが西にあるので、６時間後に太陽くんが通る。
よって、日本より６時間遅いので、**４月15日６時**。
（2）東経135°から経度０°までが135°。そこでまず９時間。
そこから西経75°までが75°だから、75 ÷ 15 ＝ ５時間。
合計14時間遅いので、**４月14日22時**となります。

（3）150 － 135 ＝ 15°　15 ÷ 15 ＝ 1 時間

オーストラリアのほうが早く太陽くんが来ます。オーストラリアのほうが日本より1時間早いので、**4月15日13時**です。

標準時子午線を何個か持っていて、地域によって使い分けている国も多くあります。たとえばアメリカは、本土だけで四つの標準時があります。東西に広いからです。国の東端と西端では大きく時刻がずれてしまうので標準時を使い分けるのです。また、夏には時刻を1時間早めるサマータイムを導入している国もあります。

今度は日本の中での話をしましょう。

ここは入試問題を使って説明していきます。64ページでトライしたサレジオ学院中学の入試の続きです。

**難関中学の過去問トライ！**（サレジオ学院中学）

1968年12月24日アメリカのアポロ8号は人類で初めて有人で月周回飛行を行いました。次の問いに答えなさい。ただし、横浜市は北緯（ほくい）35.4°、東経（とうけい）139.65°の位置にあるとします。

（2）1968年12月24日の横浜市の日の出は6時49分、日の入りは16時35分でした。

（a）この日の横浜市での太陽の南中時刻は何時何分ですか。

（b）同じ日の明石市（日本標準時子午線、東経（とうけい）135.00°）での日の出の時刻は何時何分ですか。分を答えるときには小数第1位を四捨五入して、整数で答えなさい。

**解説**

（a）南中時刻は、06：49と16：35のちょうど真ん中の時刻です。

二つの数字のちょうど真ん中が「平均」です。

だから、（06：49 ＋ 16：35）÷ 2 ＝ **11：42** が正解です。

16：35 － 06：49 ＝ 9時間46分と昼の時間を出して、その半分を、日の出の時刻に足すことでも求めることができます。

9時間46分 ÷ 2 ＝ 4時間53分が日の出から南中までの時間となるので、06：49 ＋ 4：53 ＝ **11：42** となります。

（b）「太陽くん」を使いますよ。

図を見れば、横浜市のほうが明石市よりも先に「太陽くん」が通過するのがわかりますね。太陽くんは1時間で15°動きます。つまり、15°動くのに60分かかるということです。

15°＝60分

1°＝4分

横浜市は139.65°なので明石市との差は4.65°ですね。

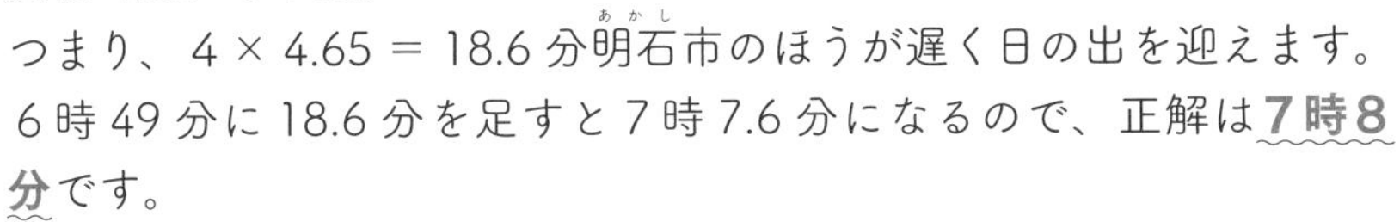

つまり、4×4.65＝18.6分明石市のほうが遅く日の出を迎えます。6時49分に18.6分を足すと7時7.6分になるので、正解は**7時8分**です。

ちなみに、関東と九州では日の出や日の入りは40分近く差があり、先生は7月に博多に行った時に、夜の7時でもまだ太陽が出ていてビックリしたのを覚えています。

## 太陽の光によって、地面→空気の順に温まる

南中時刻と気温の変化にはずれがあるので、確認していきましょう。

ある晴れた日の太陽の高さ・気温・地温の変化を記録したものが、右のグラフです。まず、各グラフの山の頂点に○をつけてみましょう。

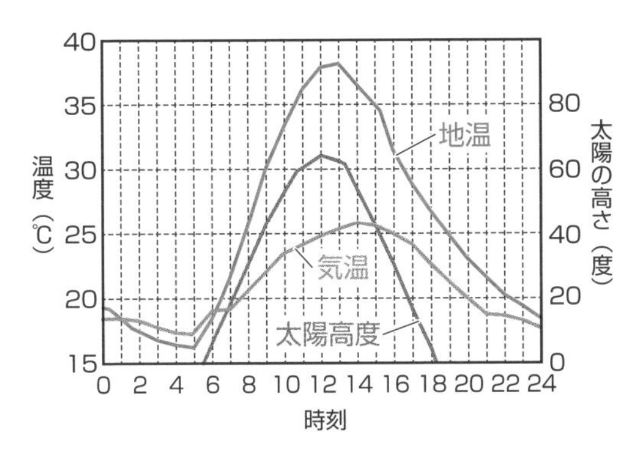


**太陽高度がもっとも高くなるのは12時頃、地温がもっとも高くなるのは13時頃、気温がもっとも高くなるのは14時頃**になっているのがわかりますね。

1日の中で太陽の温める力が一番強くなるのは、太陽高度の一番高くなる南中時です。ただ、光はガラスのような透明なものを通過します。

そのため、太陽の光は空気を直接温めることができず、まず地面を温めるのです。だから、空気より先に地面の温度が変化します。

温められた地面から地表近くの空気に熱が伝わって、やっと空気が暖まり始まるということです。

気温がもっとも低くなるのは、日の出前です。理論的には、太陽が出てもすぐに空気が暖まらないので、日の出の直後のほうが温度が低くなるはずですが、気温は太陽だけでなく、様々な気象条件に影響されるため、一般的に最低気温になるのは日の出前と言われています。

## 夏至の約2ヵ月後に、一番暑くなる

同じような変化を1年単位で記録したのが次の図です。

南中高度の一番高くなる夏至は**6月**ですが、プールに入るにはまだ寒すぎますよね？　1年で一番暑いのは、夏休みの**8月**。一番気温が低くなるのは、**1月の終わりから2月の最初くらい**。みんなが入試を受ける時期ですね。

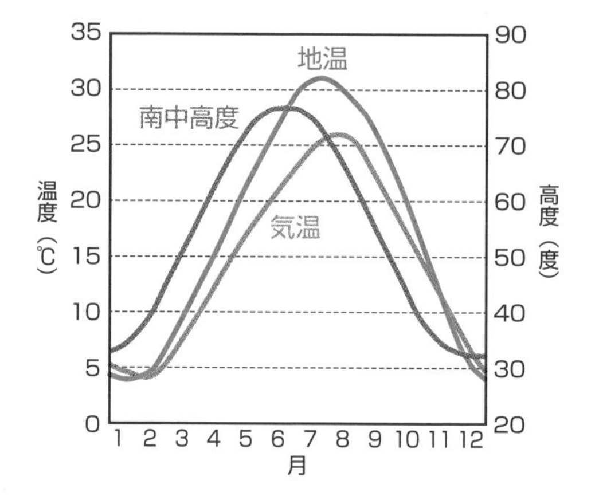


## 干潮・満潮・大潮・小潮

みんなは安芸の宮島・厳島神社を知っていますか？　時間によって海面の高さが変わるところですね。

これは、潮の干満（「満ち引き」とも言います。「満ち干き」とは言わないので注意）による現象です。

海の水が満ちている状態が満潮、引いている状態が干潮です。満潮と干潮の差は日によって違い、干満の差が大きい日を大潮、干満の差が小さい日を小潮と言います。

干満の差は、月の引力とそれに対する地球の遠心力で生じます。
難しいので、少し説明しましょう。

月は地球にもっとも近い天体です。当然、地球の引力を受けています。

でも、なぜ隕石のように地球に衝突しないのかというと、地球の周りを回転する時に外側へ遠心力が働いているからです。地球の引力と同じくらいの遠心力が働くことで、衝突せずにまわっていられるのです。

ただ、よく考えれば月も地球の6分の1の重力を持っているのですから、当然地球も月に引きつけられているはずですよね？

地球が月に衝突しないのは、地球も月の周りを回転していて、月の引力と同じくらいの遠心力が地球に働いているからなのです。

体重の違う2人が両手をつないで回転すると、パッと見は軽い人が重い人の周りをまわっているように見えますが、よく見れば、2人はお互いに回転し合っていることがわかります。

正確には共通する重心の周りをまわっているのですが、重心の話は物理になってしまうので、ここではお互いにまわり合っている様子をイメージできれば十分です。

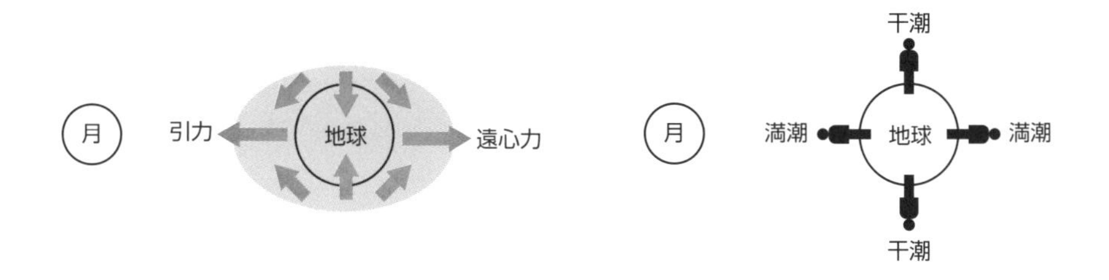


月の引力と遠心力で海の水が引き伸ばされることで、干満の差が起こるのです。

## 大潮は満月や新月の日、小潮は上弦・下弦の月の日に起こる

では、大潮や小潮のように、干満の大きさに差があるのはどうしてでしょうか？　じつは、月以外にも地球を引っ張る星があります。そう、太陽です。

太陽の引力に引っ張られて衝突しないように、地球は太陽の周りをまわって外側に遠心力を働かせているのです。

ただ太陽は遠いので、地球に及ぼす引力は月に比べれば小さくなります。

大潮になる時　　小潮になる時

それぞれの力が同じ向きに働く時が大潮、違う向きに働く時が小潮になるんですね。
つまり、大潮は満月や新月の日に起こり、小潮は上弦の月や下弦の月の時に起こるということがわかるのです。

どうでしたか？
これで地学の２章はおしまいです。
天体は、コツをしっかりつかんで考える力をつければクリアできますよ。
ぜひ復習して、理解を深めてくださいね。

第  章



# 気象

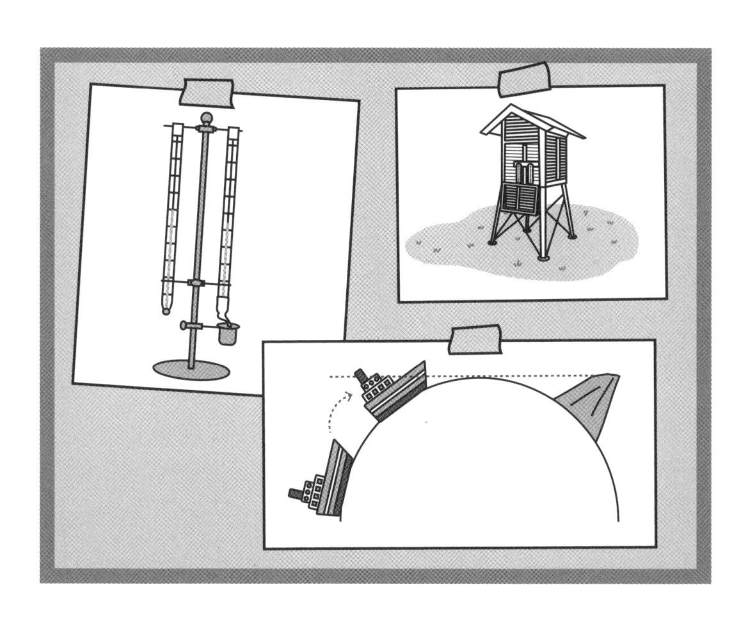

# 気象観測

## 気温を測るルール：風通しのいい日かげ、地上1.2～1.5m

さぁ、この章では、気象について学んでいきますよ。

夏の暑い日に、テレビで温度計を持ったリポーターの人が「みなさーん、私は今〇〇に来ています。ここの温度計を見てください。今の気温は33℃、今日もとても暑くなっています、熱中症には気をつけて…」などと言っているのを見たことがありませんか？

じつは、あれは厳密に言うと間違(まちが)っているのです。

なぜなら、気温は「**風通しのいい、日かげで、地上 1.2 ～ 1.5 mで測る**」というルールがあるからです。

気温は「風通しのいい、日かげ、地上1.2～1.5m」で測りましょう

つまり、「風通しの悪そうな市街地の日なた」で測った数値ではダメなのです。風通しがよくないと熱がこもっちゃうし、日なたで測ったら温度計に日光が直接当たって、実際よりも高い温度を示してしまいますからね。

ちなみに、「地上 1.2 ～ 1.5 m」は気温が安定する高さです。テレビのリポーターの人が守っているルールは、これだけですね。

## 気温を測る環境を人工的につくったものが「百葉箱」

ただ、「**風通しのいい、日かげ、地上 1.2 ～ 1.5 m**」の場所なんて、そうそうありませんよね。そこで、その環境を人工的につくったのが**百葉箱**です。学校や公園にある白くて大きな箱。中が見えないので、小学生の時に中に何が入っているのかとても気になったのを覚えています。

「学校にあるくらいだから、危ないものではないだろう。でも、いったい何が入っているんだ？」というのが、小学生時代の立木少年の大きな疑問の一つでした。「たぶん鳥がいるんだろう」と予想していましたが、これは先生の秘密の一つです…。

百葉箱には、いろいろな工夫がしてあります。
「どのような工夫をしてあるのか」
「なんでそんな工夫をするのか」
はよくテストで聞かれますよ。

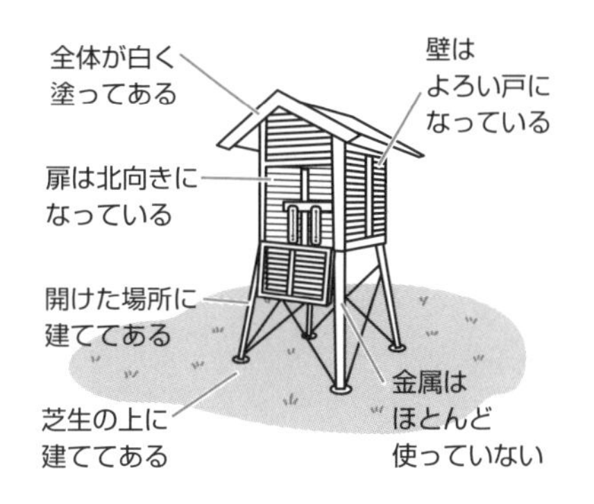

百葉箱

**①白く塗ってある**

理由は、**光を反射するため**。黒い色は光を吸収するから、百葉箱内の温度が上がってしまいます。

**②金属がほとんど使われていない**

理由は、**熱を伝えにくくするため**。金属は熱を非常に伝えやすいので、ほとんどが木でできています。フライパンの持つところが木になっているのと同じ理由です。

**③よろい戸になっている**

理由は、**日光を遮りながら、風通しを確保するため**です。ブラインドを想像するとわかりやすいと思うけれど、風は通すのに直射日光は入ってきませんよね。雨や雪も入りにくくなっています。

**④下が芝生になっている**

理由は、**地面からの熱の影響を避けるため**。下がアスファルトでは、温度が高くなってしまいます。でも、芝生の場所はそんなにないので、土の上に建っている場合も多いですね。先生の学校でも、土の上に建っていました。

**⑤扉の向きが北向きになっている**

理由は、**扉を開けた時に日光が入らないようにするため**。太陽が通らない北向きに扉をつけておけば、観測するために開けても直射日光が入らないから大丈夫です。

**⑥開けた場所に建ててある**

理由は、**熱がこもらないようにするため**。先生は夏に窓のないトイレに入って、サウナのような暑さになったことがありました。百葉箱の中に入っているものは、普通の温度計だけではありません。自動で温度を記録するための自記温度計や、乾湿球湿度計も入っています。

百葉箱が気象庁などの観測現場で使われていたのは、1993年までで、学校などでの設置数も年々減っています。でも教科書に載っているので、試験には出ますよ。

## 温度計を正しく読むコツ

気温を測る環境を整えたら、いよいよ気温の読み取りです。

まず、読み取る液面の位置は、ちょうど液面の「真ん中の平らに近いところ」。そして、当たり前の話ですが、目の位置は**読む場所の真横**です。

「イ」の位置が正解です。「ア」や「ウ」のように角度がある位置から読むと、違う数字に見えてしまいますよ。

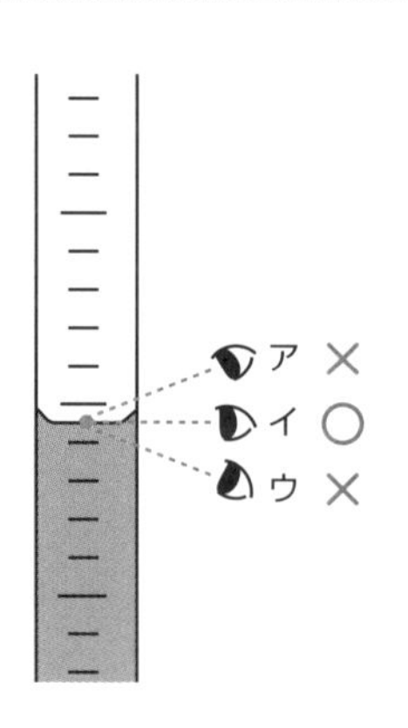


最後に、一番大切なポイントを伝えておきましょう。

温度計は、**最小目盛りの10分の1まで目分量で読む**ということ。ちょっと練習してみてください。それぞれ、何℃と読んだらいいでしょうか？

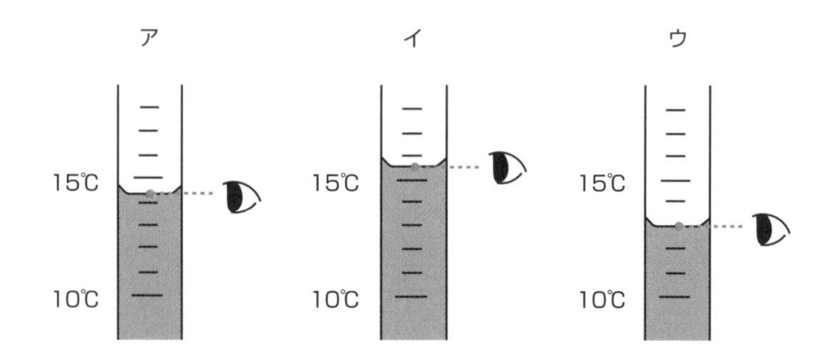


最小目盛りは1だから、その10分の1の、0.1まで読みましょう。

「ア」の温度は、14と15の真ん中よりはちょっと下ですよね。14.3℃くらいでしょうか。
「イ」は15と16の真ん中より少し上ですね。15.6℃くらいかな。
では、「ウ」を読んでみましょう。うっかり「13℃」と答えてはいけませんよ。最小目盛りの10分の1の0.1の位まで読むので、13.0℃。目盛りがピッタリの時ほど気をつけてくださいね。

1日ごとの気温の変化を調べる場合には、1日1回、**午前9時**に測ります。なぜなら、午前9時の気温は1日の平均気温に一番近いからです。

## 地温や水温の測り方

地温を測る時は、図（左）のように**覆**（おお）**いをして、液だめの部分に土を盛って測ります**。
水温を測る時は、バケツなどに水をくみ、図（右）のように液だめのところに**布やガーゼをまいた温度計を使って測りましょう**。

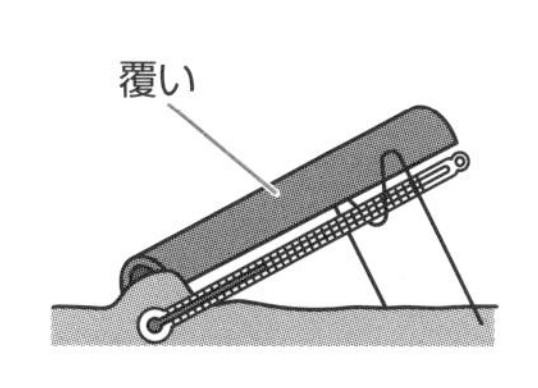


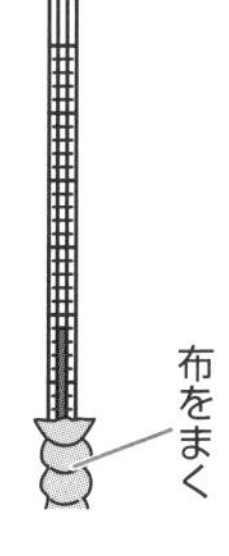


どちらも何のためにこんなことをしているかと言うと、直射日光を避（さ）けるためです。直射日光が当たって温度計が温められてしまうのを防いでいるのです。

## 地球を冷めにくくする深夜の雲

前の章で、「夜明け前が一番寒くなる」という話をしたのを覚えているでしょうか？
地球の温度は、地球に入ってくる熱と、地球から逃げていく熱のバランスで決まります。夜は宇宙にどんどん熱が逃げていってしまうから寒くなり、昼間は逃げていく熱よりも太陽から受け取る熱のほうが多いから暖かくなります。

さて、ここでお味噌汁の登場です。旅館などで出てくるフタのついているお味噌汁。開けようとしても、なかなかフタが取れなかったことがありませんか？

そもそも、何のためにフタがついているのかわかりますか？　開けにくくするためじゃないですよ。**冷めないようにする**ためです。

これと似たようなことが、夜の気温についても起こることがあります。夜にフタの役目をする雲があると、地球の外に逃げていく熱が減るのです。

右のグラフを見てもわかるように、最低気温はくもりの日より晴れの日のほうが低いのです。

雲は出ていく熱だけでなく、入ってくる熱の量も減らすので、くもりの日は1日の気温の変化が小さくなります。

雨の日も雲のフタがあるから変化が少ないのは同じですが、雨は気温をぐっと下げるので、全体的にくもりの日よりも気温が低くなります。

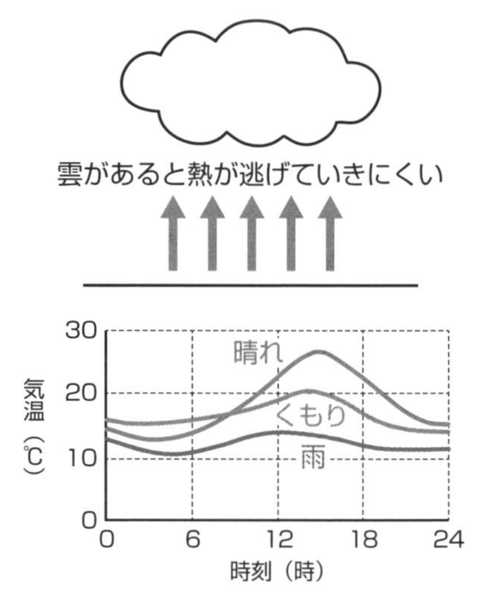


さて、普通に「晴れの日」「くもりの日」という話をしてきましたが、いったいどういう基準で「晴れ」や「くもり」が決まるのでしょうか…？

## 天気の決め方

天気は、基本的に降っているもので決まります。雨が降っていれば「雨」、雪が降っていれば「雪」です。

…ということは、お金が降ってくれば天気は「お金」になるのかもしれません。ぜひ、先生の家の上で試してほしいです。

冗談はさておき、何も降っていない時の天気は3種類に分かれます。「快晴」、「晴れ」、「くもり」の三つです。

どうやって決めると思いますか？

それは、**空全体の割合に対して雲がどれくらいあるか**という基準からです。

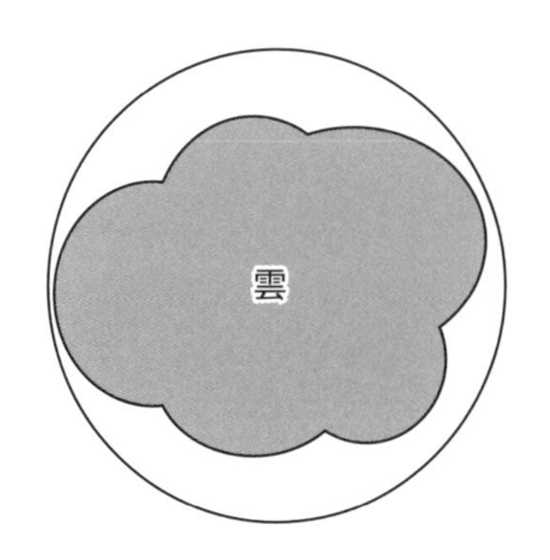


たとえば、左図の天気は何でしょうか？

正解は「晴れ」です。

「えええええええええ!? これが晴れなの？」と思いますよね。

天気は、**空全体を10とした時に、雲がどれくらいあるか**で決めます。それを雲量と言うのですが、**雲量が「0～1」の時が「快晴」、「2～8」の時が「晴れ」、「9～10」の時が「くもり」**と決まっているのです。

左図なら、ギリギリ8くらいですから「晴れ」なのです。納得いかないかもしれませんが、そういうルールですから覚えてしまいましょう。

**天気の基準**
- 快晴　雲量「0～1」
- 晴れ　雲量「2～8」
- くもり　雲量「9～10」

## 天気の記号は「イメージ」して覚えよう

それぞれの天気を表す記号も右図のように決まっています。これらはただ暗記するより、ちゃんとイメージをして覚えましょう。

まず、外側の丸を「空全体」と考えます。丸の中に何もないのが快晴。晴れは、雲が空の半分あるイメージ。くもりの◎は、内側の丸が外側の丸ギリギリまであるのを想像してみましょう。空全体がほぼ雲だから、くもりです。雨が降る時は、空が真っ暗になりますよね。だから黒は雨。雪は、雪の結晶（けっしょう）のイメージです。

とにかく、「天気は雲量で決まる」と覚えておきましょう。

## 雲の種類と意外な正体

雲は全部で10種類ありますが、**乱層雲**と**積乱雲**の二つだけ覚えればOKです。**共通点は、どちらも雨を降らす雲**だということ。

**乱層雲は雨雲、積乱雲は入道雲**と呼ばれたりします。乱層雲はシトシト雨、積乱雲は雷をともなうような激しい雨を降らせます。

雲のでき方はどれも同じです。

ここで質問です。雲は気体、液体、固体のどれでしょうか？

正解は、「液体や固体」です。

「え？　浮いているから気体だと思った！」という人もいるでしょう。でも、気体は目に見えませんよね。だから、雲は水が液体や固体の状態で、上空に存在しているものなのです。

でも、雲が液体や固体だとすると、その水はいったいどこから来たんでしょう？　それを理解するためには、湿度とは何なのかを知る必要があります。

## 雲はどうやってできるのか？

今この瞬間もみんなの周りにある空気。じつはこの空気には、水が含まれています。普段は水蒸気という気体の状態で空気中に含まれているので、目には見えません。

空気に含むことのできる最大の水蒸気の量を、「飽和水蒸気量」と言います。飽和水蒸気量は、温度によって変化します。そのことを表したものが、下の表です。お湯と水では、砂糖の溶ける量が変化するのと似ていますね。

| 気温〔℃〕 | 0 | 10 | 20 | 30 | 40 |
|---|---|---|---|---|---|
| 飽和水蒸気量〔g/m³〕 | 4.8 | 9.4 | 17.3 | 30.3 | 51.1 |

このしくみが、上空に雲をつくっています。

たとえば、上空に「暖かい空気のかたまり」と「冷たい空気のかたまり」があったとします。この二つの空気が触れ合った時、その境目ではいったい何が起こると思いますか？

暖かい空気が冷たい空気に触れると、その境目で暖かい空気の温度が急激に下がります。暖かい時はたくさんの水蒸気を含むことができましたが、冷たい空気になると徐々にその量が減っていきます。

そのうち、「もう限界です！　これ以上は水蒸気を含むことはできません！」という状態になります。空気に含むことのできなくなった水蒸気は、細かい液体状の水滴となって姿を現します。これが雲です。夏に冷たい飲み物を入れたコップの周りに、水滴がつくのと同じしくみです。

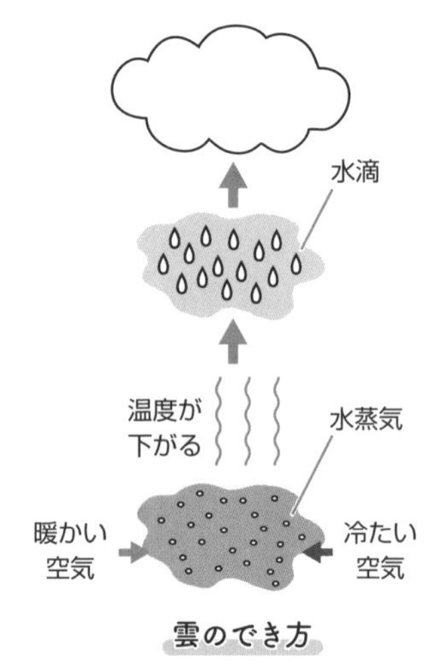

雲のでき方

## 湿度は、ある温度の飽和水蒸気量に対する水分の割合

「空気中にどれくらいの水が含まれているか」を示すのが**湿度**です。湿度は%で表します。でも、湿度100%と言っても水の中ではありません。

たとえば気温が0℃の時、飽和水蒸気量は4.8g/㎥なので空気中に2.4 gの水が溶けていたら、湿度は50%になります。これが湿度です。

$$湿度 = \frac{含んでいる水蒸気量}{飽和水蒸気量} \times 100$$

入試問題を使って練習してみましょう。

### 難関中学の過去問トライ！（渋谷教育学園幕張中学）

空気には水蒸気が含まれています。1㎥の空気に水蒸気が含まれる量には限度があり、温度によって異なることがわかっています。この限度を飽和水蒸気量とよびます。図5は、温度と飽和水蒸気量の関係を示しています。

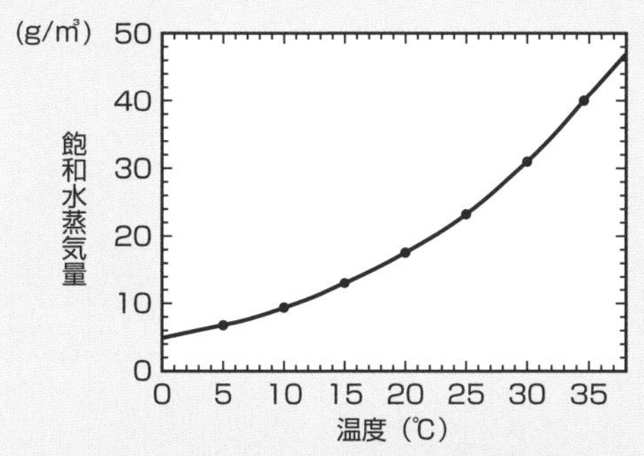


**図5　温度による飽和水蒸気量の違い**

（2）次の（　）に適切な値を整数で答えなさい。

1㎥の空気について考えます。30℃では、30gまで水蒸気を含むことができます。実際に含まれている水蒸気が15gだった場合、飽和水蒸気量に対する割合は50%なので、このときの湿度は50%である、といいます。したがって、24gの水蒸気を含んでいると湿度は（ア）%ということになります。一方で、飽和水蒸気量が24g/㎥となる温度は、（イ）℃です。1㎥の空気に含まれる水蒸気の量が飽和水蒸気量と等しくなる温度を露点温度とよびます。

水蒸気を含んだ空気を冷やしていくと、露点温度で湿度は（ウ）%となります。露点温度より低くなると、飽和水蒸気量を超えた分の水蒸気は、液体の水になります。霧や雲は、このように水蒸気を含んだ空気が冷やされることによって発生します。

## 解説

（ア）30℃の時は最大で30g水を含むことができるので、24 ÷ 30 ＝ 0.8となり、**80**％が正解です。

（イ）これはグラフを読み取って、**26**℃が正解。

（ウ）露点温度は、空気に含むことのできなくなった水蒸気が姿を現す温度のこと。その時の湿度は**100**％になります。雲ができるのは「湿度100％なので、これ以上水蒸気を含むことはできません」という時です。



この湿度の問題は、グラフで出る場合もあれば、次のような乾湿球湿度計を使って出題されることもあります。こちらにも挑戦してみましょう。

### 難関中学の過去問トライ！（フェリス女学院中学）

空気のしつ度を測るそう置をしつ度計といいます。しつ度計はいろいろな種類がありますが、「かんしつ計（かんしつ球しつ度計）」がよく使われています。かんしつ計は右図※のようにガラス製の同じ型の温度計（アルコールまたは水銀入り）を２本となり合わせてとりつけます。そのうちの１本の最下部の球の部分を水をふくませたガーゼでおおいしめらせます。しめらせた部分を「しつ球」といい、この温度計は「しつ球温度計」といいます。もう１本の温度計は、通常の使い方で測定し、「かん球温度計」といいます。

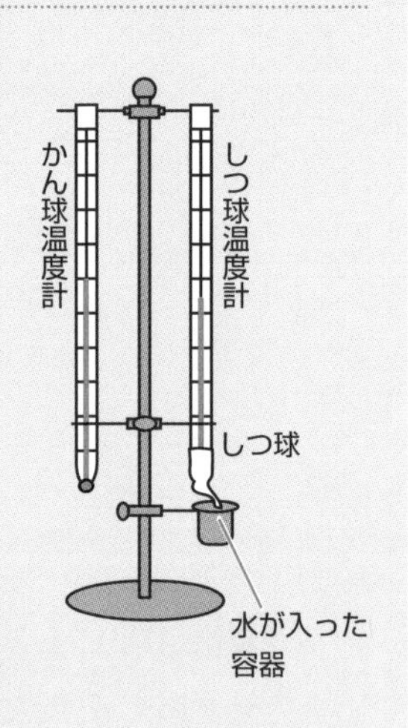


しつ度はこれら２本の温度計で測定した「かん球」と「しつ球」の温度差から求められます。気象台でもこの観測器に一部工夫したそう置を使用しています。

※右図は気象庁ホームページ「気象観測の手引き」より一部改変
https://www.jma.go.jp/jma/kishou/know/kansoku_guide/tebiki.pdf

3 「かん球」と「しつ球」の温度差に関して説明した下記の文中の（　　）にあてはまる語を入れ、｛　　｝からあてはまる語を選びなさい。

暑いときに、あせをかき、あせがかわいたときや、プールで泳いだ後に、プールの水から出たときに｛①暖かく・冷たく｝感じることと同じように、「しつ球」の表面では水分が（②）するため、「かん球」の温度よりも「しつ球」の温度の方が｛③高く・低く｝なる。また、空気が｛④かわいて・しめって｝いるほど水分が多く（②）するため「しつ球」の温度は｛⑤高く・低く｝なる。以上のことから「かん球」と「しつ球」の温度差が大きいほど、しつ度が｛⑥高い・低い｝といえる。

**解説**

解答は①冷たく　②蒸発　③低く　④かわいて　⑤低く　⑥低い

なので、まずは正解のほうを丸で囲んで、②には言葉を入れて文章を読んでみてください。

補足説明もしておきますね。

まず、二つの温度計はまったく同じものです。違(ちが)いは水に濡れたガーゼがあるか（湿球）、ないか（乾球）です。

水が蒸発する時に、気化熱と言って周りの熱を奪(うば)っていくのは知っていますよね？　つまり、ガーゼの水が蒸発すればするほど、湿球の示す温度が下がります。乾球は普通に室温を示すので、この二つの示す温度の差を利用して湿度を測るのが、乾湿球湿度計なのです。

●湿度表

| 乾球の示度（℃） | 乾球と湿球の示度の差（℃） | | | | |
|---|---|---|---|---|---|
| | 0 | 0.5 | 1.0 | 1.5 | 2.0 |
| 18 | 100 | 95 | 90 | 85 | 80 |
| 17 | 100 | 95 | 90 | 85 | 80 |
| 16 | 100 | 95 | 90 | 85 | 79 |
| 15 | 100 | 95 | 89 | 84 | 78 |
| 14 | 100 | 94 | 89 | 83 | 78 |

もちろん、温度差を見ただけでは湿度はわからないので、右のような表にあてはめて湿度を調べます。

たとえば気温が16℃の時、乾球は当然16℃を示すので、表の上から三番目の行を見ます。

湿球が示す温度が15℃だった場合、差は1.0℃だから湿度は90％、湿球が示す温度が14℃の時は、差は2.0℃だから湿度は79％、というように表を読みます。

注目してほしいのは、示度(しど)の差が0の時は、全部湿度が100％だということ。これはなぜかわかりますか？

たとえば、雨の日には洗濯物が乾きません。

これは、雨の日にはすでに空気中にたくさんの水分が含まれているので、もう空気に新しい水分を含む余地がない状態と言えます。

だから洗濯物から水が蒸発されず、まったく乾かないのです。

水は蒸発する時に周りから熱を奪うので、蒸発できなかったら温度は変わりません。だから示度の差が0なのです。

反対に晴れの日には空気中に水分があまり含まれていないので、洗濯物に含まれていた水分はどんどん蒸発していきます。つまり、乾燥している時ほど示度の差が大きくなるのです。

## 雨量と雨量ます

雨がどれくらい降ったのかは、「高さ」で表します。単位はみんなもよく使っている「**ミリメートル（㎜）**」です。

雨量全部の体積を測定するのは無理なので、「1時間でどれくらいまで雨がたまるのか」という高さで表すのです。適当に箱を用意して、そこにたまった高さを測ってもいいのですが、1ミリや2ミリではよくわかりませんよね？

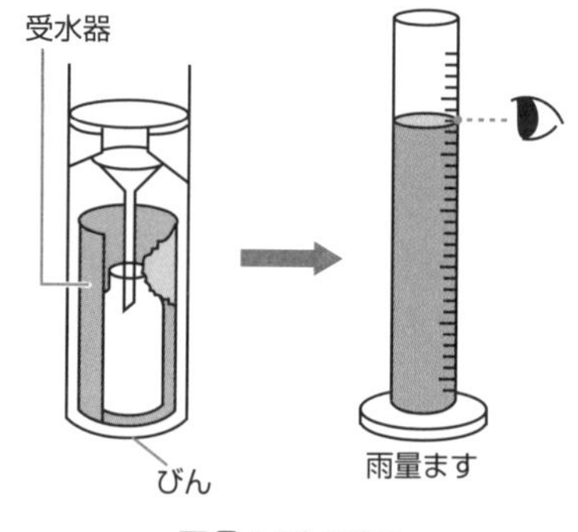

雨量を測る道具

だから、右のような装置に一度水をためて、「雨量ます」に移して測ります。雨量ますは底面積が小さいため、少ない雨量でも差が大きく出るので、きちんと測れます。

## 風向と風速はどう決まる？

雨とともに天気に大きな影響を及ぼす「風」についても、話をしましょう。

風はずーっと同じ向きに吹いているわけではないので、**風向も風速も過去10分の状態で決めます**。つまり、風向きは過去10分間でもっとも多く吹いた方向のことを言います。風速は、10分間の平均を秒速で出したもののことです。

風向は16方位で表します。**16方位の覚え方は、「北と南はえらい、東と西はその次にえらい」**です。

まず、東西南北の4方位は大丈夫ですよね。次に8方位、北と東の間を考えてみましょう。

どっちを前に持ってくるかと言うと、えらいほうが先です。だから北東ですね。
次に16方位、北と北東の間を考えてみましょう。「北」と「北東」を比べてえらいのは北、だから北を先に書いて、北北東。
同じように、えらいほうを先に持ってくれば、右図のように全方位が決まります。
図の16方位は、えらい順に大きくしておきました。

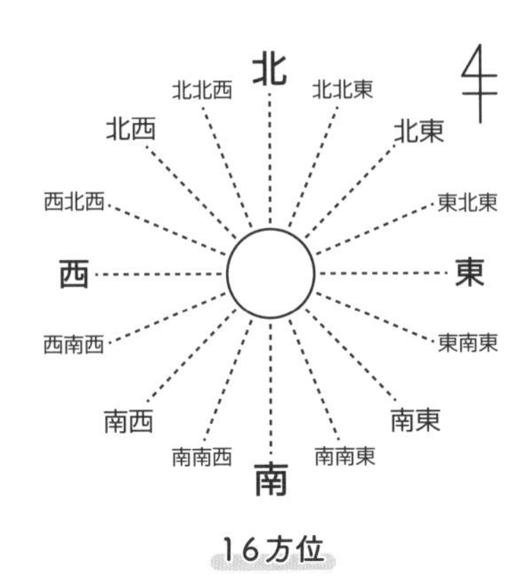

16方位

では、気象観測はここまで。
次は「どうして風が吹くのか」からスタートしましょう。

# 季節と天気

## 季節があるのは、地球の地軸の傾きと「気圧」の影響

季節がある理由は、地球が地軸を傾けながら、太陽の周りを公転しているからでしたね。
季節によって天気が違うのも、根本的な理由は同じですが、もう少し直接的な理由を言えば、「**気圧**の影響」です。

「気圧」という言葉は、天気予報で聞いたことがあるはず。
たとえば、「冬型の気圧配置が強まり、今夜から明日にかけて大雪が見られます」など。「**高気圧**」や「**低気圧**」といった言葉も、よく聞きますね。
気圧とは、読んで字のごとく気体の圧力のことです。圧力が高いと高気圧、低いと低気圧です。
よく、「ぼくは低気圧だから朝は体調が悪いんだ」などと間違えて言う子がいるけれど、正しくは「低血圧」です。人間が低気圧だったら大変ですからね。

## 風は高気圧から低気圧に向かって吹く

次ページの図のような電車をイメージしてみてください。右側はぎゅう

ぎゅうで、強い圧力を感じるでしょう？　これが高気圧です。逆に左側はスカスカだから圧力を感じません。これが低気圧です。

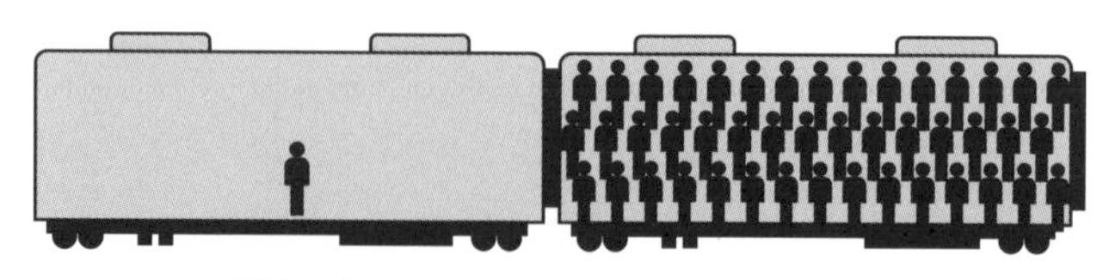

乗客1人　　乗客100人くらい

でも、隣の車両がスカスカだったら、みんなその車両に移動したくなりますよね？　そのうち、下のようになるはずです。

乗客50人くらい　　乗客50人くらい

この人の流れが「風」です。風は高気圧から低気圧に向かって吹くのです。

## 高気圧と低気圧はなぜ生まれるのか

高気圧や低気圧は、温度によって発生します。

たとえば、ある一部の地面が周りよりも温まったとしましょう。そうすると、その地面の上の空気も暖まってきますね。

暖まった空気は軽いから上昇するので、その部分から空気が減っていきます。この空気の減った状態が「低気圧」です。

空気が暖まり、軽くなって上がっていく流れを「**上昇気流**」と言い、逆に、空気が重くなって下がっていく流れを「**下降気流**」と言います。

上昇気流が起こっているところには「**低気圧**」、逆に下降気流が起こっているところには「**高気圧**」ができる、ということです。

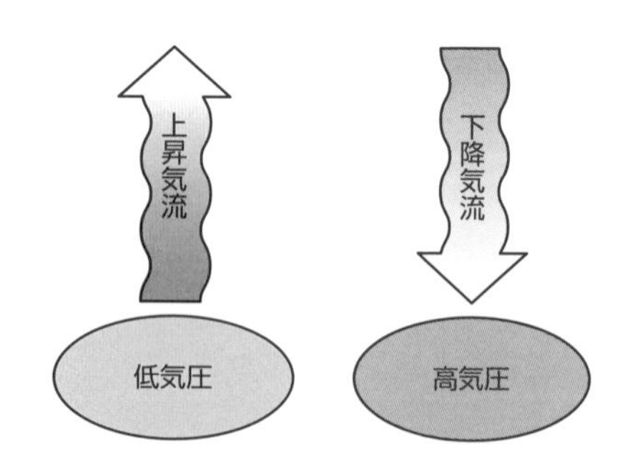


この低気圧や高気圧は、「周りと比べて」気圧が高いか低いかという話なので、周辺に温まり方の違うところがあると、低気圧や高気圧が発生しやすくなります。代表的なのは、海と山です。

## 昼間に海風、夜に陸風が吹くしくみ

海に行った時、砂浜を裸足で歩くと、とても砂が熱いのに、海に入ったら熱くないですよね。

これは、**砂は温まりやすく冷めやすい、水は温まりにくく冷めにくい**という性質の違いによるものです。

昼間、陸（砂）は温まりやすいので、陸のほうが温度は高くなります。すると、陸の上の空気も暖まって軽くなり、そこに上昇気流が起こって低気圧ができます。

その低気圧に向かって海側から風が吹いてくるので、昼には**海風**が吹くのです。

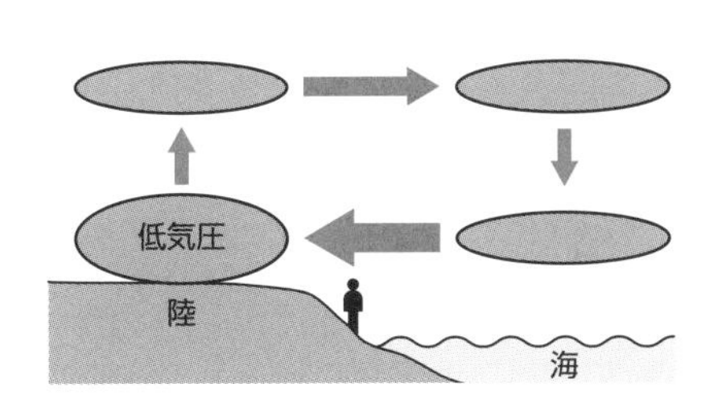


昼の様子

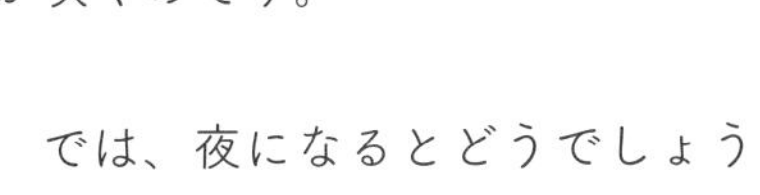

では、夜になるとどうでしょうか？

陸は冷めやすいので、温度はぐっと下がります。でも、水は冷めにくいので、今度は海のほうが陸よりも温度が高くなります。そうすると、右図のような風が吹くはずですね。陸側から吹いてくるので、夜には**陸風**が吹くのです。

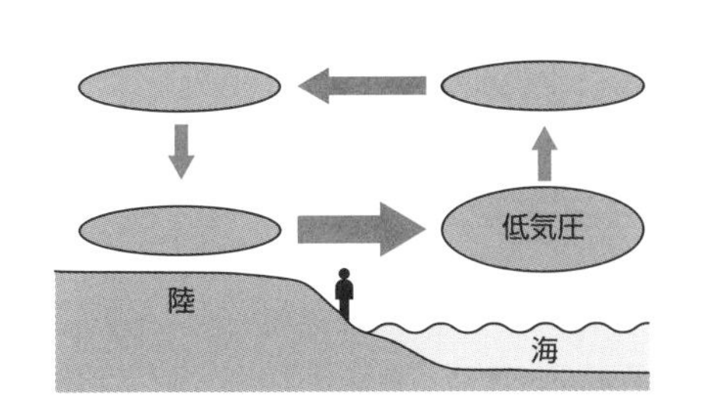


夜の様子

## 凪：陸と海が同じ温度になって風が吹かなくなる時

陸と海の温度変化について、簡単なグラフをつくってみました。

１日に２回、同じ温度になる瞬間がありますね。温度差がなければ、低気圧も高気圧もできず、風が吹きません。この朝と夕方に風が吹かなくなる時を、「風」の字の「几」の中に「止」と書いて「**凪**」と言います。

明け方の凪が「朝凪」、夕方の凪が「夕凪」です。

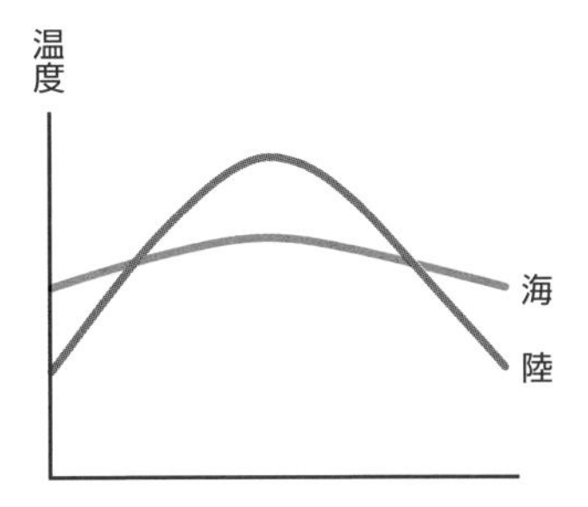

## なぜ、昼に谷風、夜に山風が吹くのか？

海と同じように、山の付近でも昼と夜で真逆の風が吹きます。

日本の場合、太陽は南中しても頭の上に来ませんよね。ソーラーパネルは傾けたほうが光を集めるのに効率がいいように、多少傾いている山のほうが、地面を温める力は強くなります。

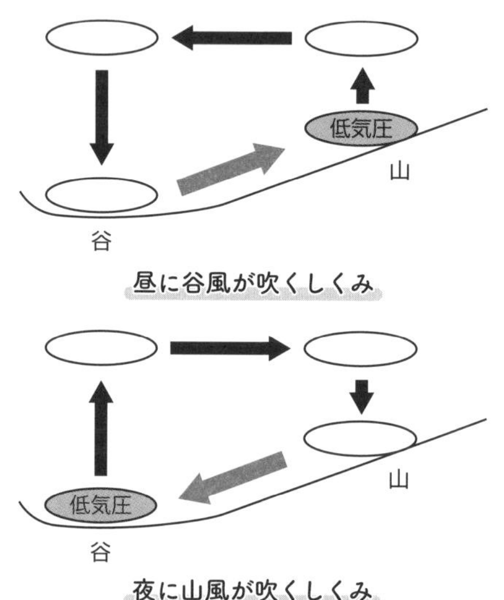


昼に谷風が吹くしくみ

夜に山風が吹くしくみ

昼は山の斜面のほうが温まりやすいので、その上の空気も暖まって軽くなり、そこに上昇気流が起こって低気圧ができます。その低気圧に向かって谷側から風が吹いてくるので、昼には**谷風**と呼ばれる風が吹くのです。

夜は山の温度がぐっと下がります。山と比べると谷のほうが温かくなって、右の図のように風が吹きますよね。山から吹いている風だから、「**山風**」と言います。

夜になると、山から吹いてくる風のことを「〇〇おろし」と呼ぶことがあります。たとえば、夜になると赤城山から吹きおろしてくる風のことを「赤城おろし」、六甲山から吹きおろしてくる風のことを「六甲おろし」と言いますね。

## 季節風も海風・陸風と同じしくみで生じる

ここまでは、「陸と海」「山と谷」と狭い範囲での風について話をしてきました。これを、もう少し大きな規模で考えてみましょう。

右図のような海岸線を想像してください。陸のほうが温かい時は右下から、海のほうが温かい時は左上から風が吹くのは、もうイメージできていますか？

それと同じ現象が、もっと大きな規模で起こるのが季節風です。

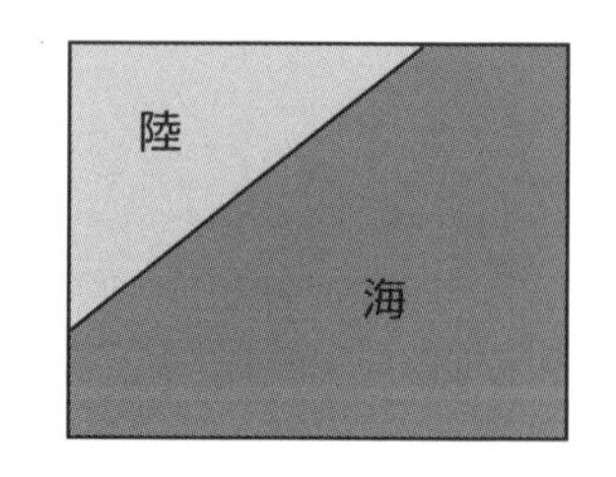

太陽高度が高くて日照時間が長い夏は、大陸のほうが温まりやすいので、大陸のほうに低気圧ができます。反対に、太陽高度が低くて日照時間が短い冬は、陸が冷え込み、海のほうが温かいので、海のほうに低気圧ができます。

地図上に引いた線を海岸線としてみると、イメージしやすいのではないでしょうか？

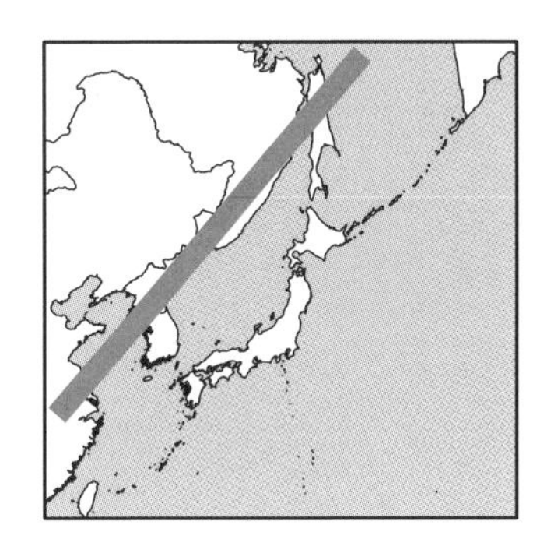

日本では、**夏は南東の季節風**、**冬は北西の季節風**が吹いています。

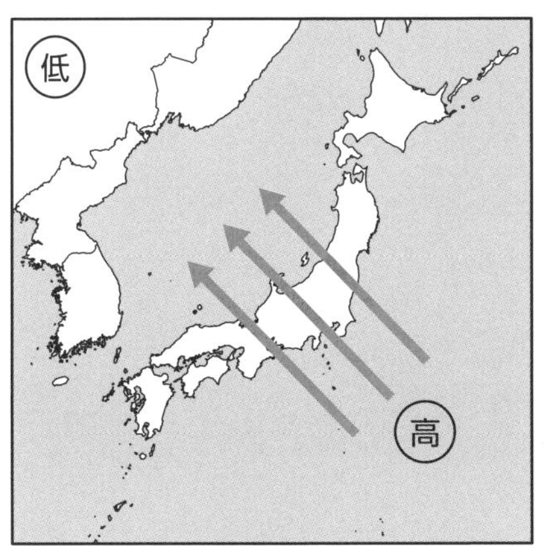


夏の季節風

冬の季節風

夏は上図（左側）にあるように、大陸側に低気圧、太平洋側に高気圧ができます。そうすると、高気圧から低気圧に向かって南東の季節風が吹きます。

冬は上図（右側）にあるように、大陸側に高気圧、太平洋側に低気圧ができます。そうすると、高気圧から低気圧に向かって北西の季節風が吹くことになります。このような気圧配置を、西高東低型の気圧配置と言います。

- 夏…**南東の季節風**
- 冬…**北西の季節風**

日本の季節風の向きが夏と冬で逆になっているのは、海風・陸風と同じしくみなのです。

## 低気圧と荒天

「**低気圧が近づくと天気が崩れる**」。当たり前のように言われますが、そもそも、どうして低気圧が近づくと天気が崩れるのでしょうか？

一般的に、気温は「100mで1℃下がる」と言われています。つまり、高さが600 m以上あるスカイツリーの上は、地上より6℃くらい温度が低いのです。ちなみに、富士山の山頂の年間平均気温は－7℃くらい。先生は高い山に登ったことはありませんが、飛行機に乗った時に外気温が－50℃とモニター表示された時にはさすがにビックリしました。

このように、高いところへ行けば行くほど、気温は低くなります。

さて、低気圧は一部の空気が暖まり、上昇気流が起こることで発生します。水蒸気を含んだ暖かい空気が上昇気流に乗って上のほうへ行くと、どうなるでしょう？　上空にある冷たい空気とぶつかっちゃいますよね。

すると、その境目で水蒸気が水や氷の粒になって、雲ができます。

だから、低気圧の時には天気が崩れやすいのです。

## 熱帯低気圧が発達すると「台風」になる

ここで、「低気圧を上から見た様子」を図にしてみましょう。風は低気圧に向かって吹き込むので、周りからどんどん空気が集まってきます。

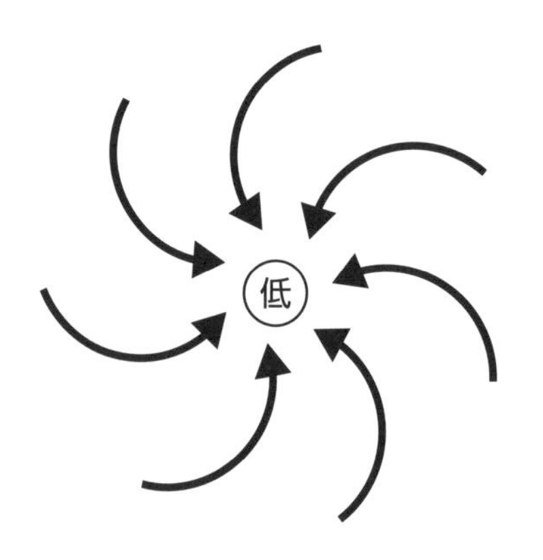


**台風の強さは4段階**
①猛烈な台風
②非常に強い台風
③強い台風
④台風

上の図の形、何かに似てると思いませんか？　そう！　台風です。

赤道付近で発生した「**熱帯低気圧**」が、海上から供給される水蒸気をエネルギー源として発達し、**中心付近の最大風速が17.2 m / 秒以上**になると「**台風**」と呼ばれます。

17.2mなんて中途半端な数字になっている理由は、もともとノットという単位で表していたものをmに換算したからです。台風の影響を大きく受けるのは、船や飛行機。船や飛行機の速度はノットを使っています。ノットは1海里(緯度で言うと1分)を基準とした単位なので、地球規模の大きな距離を移動する時には、ノットを使うほうが便利なのです。
なお、「サイクロン」や「ハリケーン」は、発生する地域によって呼ばれ方が違うだけで、同じものです。

## 北半球の台風の風向きは反時計まわり。水資源供給の役割も

低気圧に吹き込む風の向きは、地球の自転の影響を受けるので、北半球では反時計まわりになります。そのため、日本付近では「台風に吹き込む風の向きと台風の進行方向が重なり、**台風の進行方向の右側の風が強くなる傾向**」があるのです。

台風は日本に上陸すると、海からの水蒸気の供給がなくなるため勢力を弱め、そのあと「**温帯低気圧**」に変化します。

台風は自然災害を起こすだけでなく、水資源の供給などで私たちの生活に役立つこともあるのを忘れないようにしましょう。
台風の問題は、天気予報で使われる進路予想図を使って出る場合もあるので、説明しておきますね。

低気圧に吹き込む風の向きは北半球では反時計まわり、南半球では時計まわりです。

## 台風の進路予想図の見方

まず、次ページ図の×のところが現在の台風の中心位置です。そこに至るまでのルートが実線で示されています。今回は右から来ていますね。
×を囲うように太い黒線で示された円が暴風域（風速25m/s以上か、またはそうなる可能性のあるところ）です。その周りの大きな円は、強風域（風速15m/s以上）です。

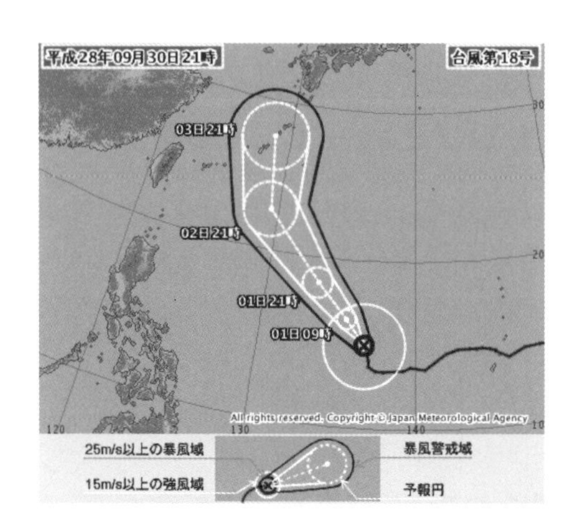


**現在の台風の中心位置**
×印
**現在の暴風域**
黒色の太い円
**予報円**
白い点線の円
**暴風警戒域**
黒の線

出典:気象庁ホームページ
(https://www.jma.go.jp/jma/index.html)

×のところから、今後約70%の確率で「台風の中心」が移動する可能性のある部分が、白い点線の円で示されています。だんだん円が大きくなっているのは、「予測の・予測の・また予測」になっていくから。つまり、気象庁も「どこに行くのかよくわらない」ということの表れです。

円が大きくなっているのを見て「台風が発達するんだ!」と勘違いしている人もいるので、これはよく理解しておいてくださいね。

「台風の中心」がどこに行くのかわからないので、当然「暴風域」がどこになるのかもわかりません。だから、黒い線で囲まれた「暴風警戒域」もどんどん大きくなっているだけなのです。

「台風の速度は白の円から白の円までの距離」「台風の強さは白の円と黒の線(暴風警戒域)がつくる間の距離」で予測できます。なお、本書は2色刷りのため、進路予想図の色までは再現できていないので、気象庁のホームページなどを見て確認してみてくださいね。

この図とまったく同じものを使って出された入試問題があったので、練習してみましょう。

**難関中学の過去問トライ!** (洛南高等学校附属中学)

(5) 図3は台風情報の例です。この図の説明として正しいものを、次のア～オの中から2つ選んで、記号で答えなさい。

ア 図中のaは9月30日21時現在、時速25m以上の風が吹いている範囲を示している。

イ 図中のbはこの後、暴風が吹く恐れが高い範囲を示している。

ウ　図中のcは10月3日21時に必ず台風がくる範囲を示している。

エ　図中のdは10月2日21時の台風の目の位置を示している。

オ　10月2日～3日にかけて、台風の移動速度が遅くなることを示している。

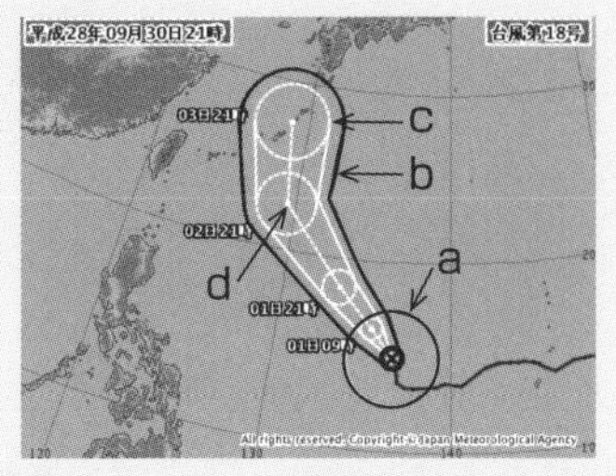


図3　（気象庁ホームページより）

## 解説

正解は**イ・オ**です。

２日から３日にかけては、円から円までの距離が短いので、気象庁は「遅く進む」と予測していることがわかります。

## 地球の自転と風～偏西風と貿易風～

低気圧に吹き込む風以外にも、地球の自転が影響している風があります。それが**偏西風**と貿易風です。

どちらも上空に吹く風なので、普段生活する中で気がつくことは少ないのですが、**緯度30～60°くらいの上空では強い西風（偏西風）**が、赤道付近の上空では強い東風（貿易風）が、１年を通して吹いています。

偏西風

たとえば、東京から博多まで飛行機で行くと、行きと帰りでかかる時間が違うのを知っていますか？　飛行機が東京から博多へ行く時は、偏西風に逆らって進むのに対して、帰りは偏西風に乗って進むことができます。だから、フライト時間にも違いが出るのです。

ところで、**関東ローム層**という言葉を聞いたことはありませんか？

これは、富士山の噴火の時に積もった火山灰のことです。

でも、「中部ローム層」は聞いたことがないよね。富士山の噴火で出た火山灰は、偏西風に乗って右図のように広がっていったので

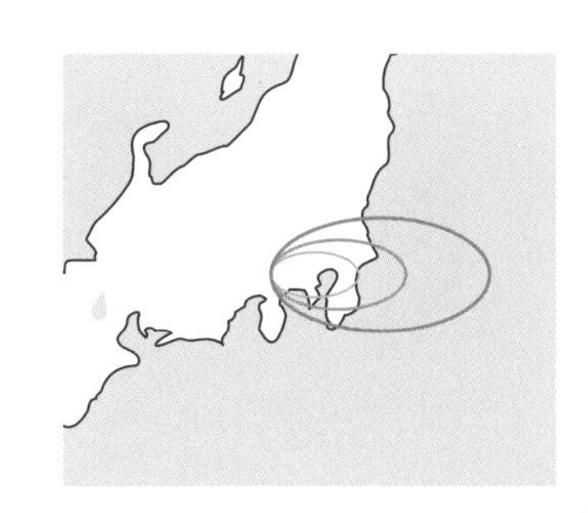

す。だから、中部ローム層がないのも納得ですよね。

## 衛星写真から見る季節



試験では、下のような衛星（えいせい）から撮った雲の写真を何枚か並べ、その季節を考えさせる問題がよく出題されます。実際にしっかり覚えるのは、下にあるような、典型的な冬と夏の雲の様子を写した二つだけでOKでしょう。

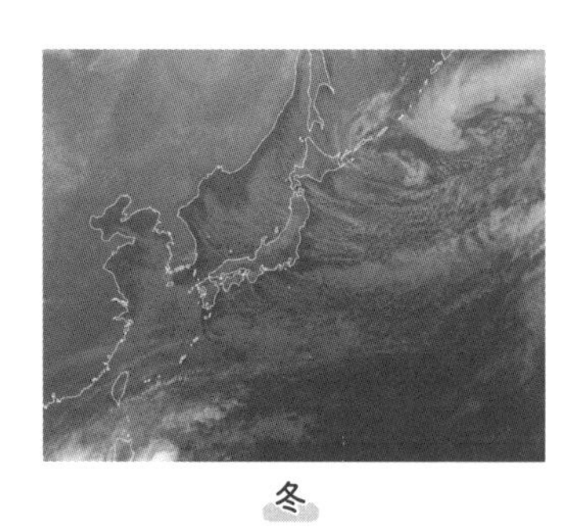

冬

夏

出典：気象庁ホームページ（https://www.eorc.jaxa.jp/ptree/index_j.html）

冬は日本列島付近には、はけで書いたような「すじ状の雲」ができます。これは、**冬に吹（ふ）く北西の季節風**で、雲が流れることによるものです。

夏は、日本列島の上にはほとんど雲がかかっていません。太平洋側の高気圧が日本列島を覆（おお）い、雲ができないからです。

**夏は南東の季節風**が吹（ふ）いているので、ここでもすじ状の雲が見えそうなものですが、夏はそもそも雲がないので、そうはなりません。

春や秋の写真は、気象予報士でも見ただけでは季節はわかりません。

春や秋は、冬から夏、夏から冬への移行期間です。

夏っぽい天気や冬っぽい天気を繰り返してだんだん変化するので、天気は変わりやすく、雲の様子も毎日違（ちが）います。ですから、気象予報士でもわかりません。そんな中でも、「これはいつなのか、だいたいはわかるぞ」という写真があります。

梅雨

台風

出典：気象庁ホームページ（https://www.eorc.jaxa.jp/ptree/index_j.html）

左が「梅雨」で、右が「台風」が来た時です。梅雨は夏の少し前、台風が来るのは夏から秋。梅雨が終わると本格的な夏が、台風が終わると本格的な秋が始まるイメージですよね。

## 前線は4種類ある

天気に関する問題では、前線について問われることもあります。

天気予報でも、「梅雨前線」という言葉を聞いたことがありますよね？

梅雨前線は、正式には「停滞前線」と呼ばれます。

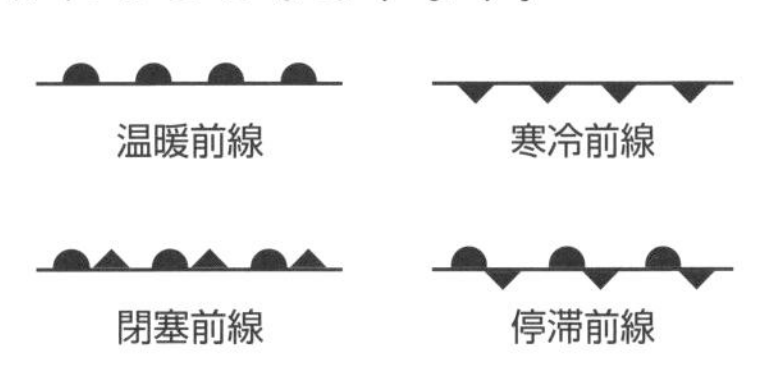


前線には4種類あって、天気図上では上図のように表されます。温暖前線と寒冷前線について、入試問題を使って説明していきましょう。

**難関中学の過去問トライ！** （東邦大学付属東邦中学・改）

1　次の文章を読み、あとの（1）～（2）の問いに答えなさい。

気温や湿度が一様な空気の塊を気団といいます。ある気団が地表付近を覆っている時には大気が安定しているので晴れていますが、気温が異なる気団がぶつかり合うときには、大気が不安定になり、気団がぶつかり合っている面（前線面）で雲が発生し、雨が降ることが多くなります。例えば、a暖かい空気を含む気団（暖気団）があるところに、冷たい空気を含む気団（寒気団）が入り込んでくると、［　A　］気団の方が軽いために急激に押し上げられ、b上空で雲が発生し、雨を降らせます。

(1) 文中の下線部aについて、［　A　］に当てはまる語句は何ですか。また、その様子の模式図はア～エのどれですか。その組み合わせとしてもっとも適切なものを、あとの1～8から一つ選び、記号で答えなさい。

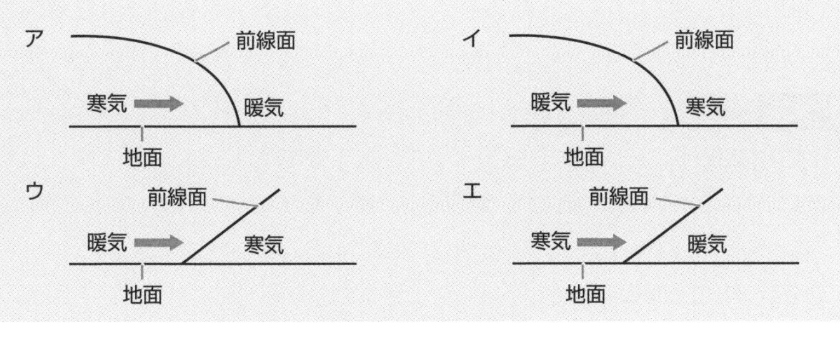

| | A | 模式図 | | A | 模式図 |
|---|---|---|---|---|---|
| 1 | 寒 | ア | 2 | 暖 | ア |
| 3 | 寒 | イ | 4 | 暖 | イ |
| 5 | 寒 | ウ | 6 | 暖 | ウ |
| 7 | 寒 | エ | 8 | 暖 | エ |

**解説**

前線は「地面上にある空気の最前線」という意味なので、それを横から見ると右図のようになります。冷たい空気は下に行くので、地面の一番近いところが最前線になります。

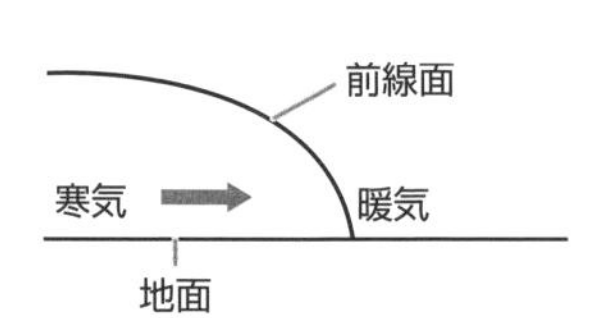


暖かい空気は上に行くので、上空では地面の最前線より先に暖かい空気が進んでいるということですね。この問題は、寒冷前線が入り込んできているので、正解は**2**です。

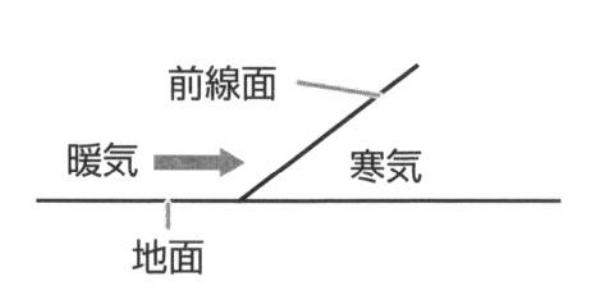


続いて（2）に進みましょう。

**（2）文中の下線部bについて、このとき発生する雲の名称と、降る雨の特徴を説明した文の組み合わせとしてもっとも適切なものを、次の1～6から一つ選び、番号で答えなさい。**

| | 雲の名称 | 雨の特徴 |
|---|---|---|
| 1 | 巻積雲 | 広い範囲に、おだやかな雨が長い時間降る |
| 2 | 乱層雲 | せまい範囲に、激しい雨が短い時間降る |
| 3 | 積乱雲 | 広い範囲に、おだやかな雨が長い時間降る |
| 4 | 巻積雲 | せまい範囲に、激しい雨が短い時間降る |
| 5 | 乱層雲 | 広い範囲に、おだやかな雨が長い時間降る |
| 6 | 積乱雲 | せまい範囲に、激しい雨が短い時間降る |

**解説**

選択問題ですが、先に説明してしまいますね。

暖かい空気と冷たい空気の境界面に雲が発生するので、寒冷前線の場合は「前線の真上に積乱雲」が、温暖前線の場合は「前線の前方に乱層雲」ができます。次ページの図のような感じですね。

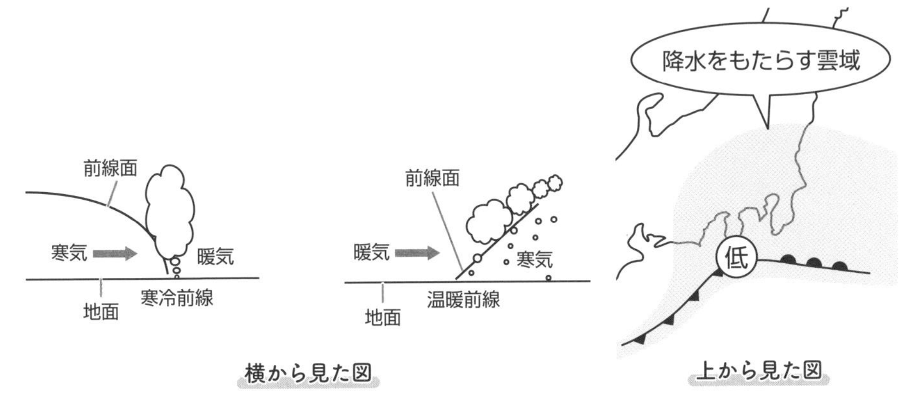


横から見た図

上から見た図

今回は寒冷前線について聞かれているので、正解は**6**です。

ちなみに、寒冷前線が通過したあとは気温が下がります。冷たい空気が来るのですから当たり前ですね。

# 地学総合
## ～ここまで学んだことの周辺知識を学ぼう～

### 太陽系の惑星「水・金・地・火・木・土・天・海」は暗記！

地学の最後に、各章で学習した内容の周辺知識をまとめて勉強します。

まずは、太陽系の惑星（わくせい）とその分類について。

惑星（わくせい）は、太陽に近い側から、**水星**、**金星**、**地球**、**火星**、**木星**、**土星**、**天王星**、**海王星**の順に並んでいます。この名前は暗記しましょう。

太陽系の惑星

### 太陽系の惑星の分類「内・外惑星」「岩石・ガス惑星」

惑星（わくせい）には二つの分け方があるので、これも一緒（いっしょ）に覚えてしまいましょう。

まず、**地球より内側をまわっているのが内惑星（ないわくせい）**、地球より外側をまわっているのが外惑星（がいわくせい）です。

内惑星（ないわくせい）は水星と金星ですね。**内惑星（ないわくせい）は地球から見ると常に太陽に近い方向**

にあるので、夜は見えません。

もう一つが、岩石惑星とガス惑星という分け方です。地球のように地面があるのが岩石惑星。水星、金星、地球、火星も岩石惑星になります。

土星や木星のように、主成分がガスで地表がないのがガス惑星です。ガス惑星に人間が降り立つことはできません。



## 謎の多い惑星、金星

金星は地球に一番近い惑星ですが、ほとんど何もわかっていない惑星でもあります。

大気のほとんどが**二酸化炭素**であり、表面温度はなんと約460℃。硫酸が含まれた分厚い雲で覆われており、内側の様子はわからず、探査機を下ろしても、過酷な環境ですぐに壊れてしまいます。

金星

近年は、日本の探査機「あかつき」が金星を周回して様々な新発見をしていますが、まだまだ多くの謎に包まれています。

**金星は内惑星なので、夜空には見えません**。地球の内側を金星がまわっているため、地球の夜の方向とは反対側にあるからです。

明け方と夕方のわずかな時間に観測ができます。

## 「明けの明星」と「宵の明星」

では、「明け方に見える金星」は、右図①～④のどれでしょうか？

明け方は「6時」の位置にいる時だから、可能性があるのは③か④です。でも、③で地球に向けているのは、太陽の当たっていない面だけです。だから、④の位置の時ですね。

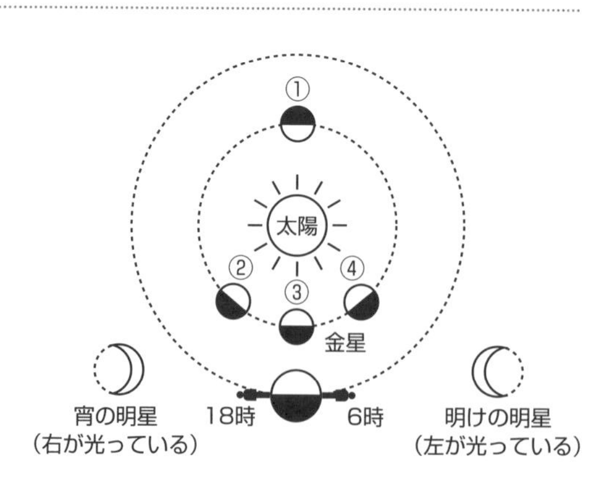


同じように考えると、夕方に見えるのは②の位置にある時。月の見える形を応用して考えると、見え方は上の図のようになります。ちなみに、明け方に見える金星を「**明けの明星**」、夕方に見える金星を「**宵の明星**」と言います。

## 火星と木星と土星

火星は赤く見えます。どうして赤い色をしているのかと言うと、鉄が酸化してさびているからです。

火星の北極と南極は白っぽく見えますが、それはドライアイス(二酸化炭素の固体)があるからです。これは、火星探査機が火星に行ってわかりました。ちなみに、過去に水が存在したという証拠(しょうこ)も見つかっています。

火星

木星

太陽系の惑星(わくせい)の中で一番大きいのは**木星**です。その次に大きいのが**土星**。土星には大きな環(わ)があることも覚えておきましょう。火星も木星も土星も外惑星(がいわくせい)なので真夜中にも観測することができますね。

土星

## ISS(国際宇宙ステーション)

理科の時事問題は、地学分野からよく出されます。日食や月食や大きな地震など、その時起こったことを中心に出題されやすいのです。

**国際宇宙ステーション**は、日本の実験棟「**きぼう**」があり、よく**JAXA**の宇宙飛行士が行くので、毎年時事問題のようなものです。

ではここで、入試問題を見てみましょう。

### 難関中学の過去問トライ！ (女子学院中学)

Ⅱ　地球の半径を6350km、地球の自転周期を24時間として以下の問いに答えなさい。

1　国際宇宙ステーション（ISS）は、高度約400kmを時速約28000kmで図1のように地球を周回している。ISSが地球を1周するのにかかる時間は約［　①　］である。その間に地球は自転するので、地上から見るとISSの軌道は1周につき［　②　］へ［　③　］°ずつずれていき、ある地点の上空にあったISSは［　④　］周すると、つまり［　⑤　］日後、もとの地点の上空へ戻る。図2はある期間のISSの軌道を地図上に示したものである。

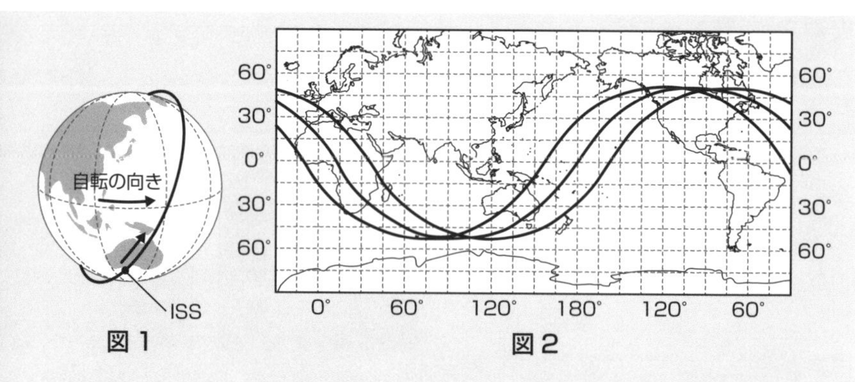

図１　図２

(1) ［　①　］に入る時間を計算し、最も近いものをア～キから選びなさい。
ア　5分　イ　30分　ウ　45分　エ　90分　オ　150分
カ　6時間　キ 12時間

(2) ［　②　］に入る方角をア～クから選びなさい。
ア　北　イ　北東　ウ　東　エ　南東　オ　南
カ　南西　キ　西　ク　北西

(3) ［　③　］～［　⑤　］に入る数値を（1）で選んだ時間を用いて計算しなさい。

(4) ISSがその上空を飛行することのない大陸をア～オから選びなさい。
ア　ユーラシア大陸　イ　北アメリカ大陸　ウ　南アメリカ大陸
エ　アフリカ大陸　オ　南極大陸

## 解説

（1）計算問題ですが、ISS が 90 分で地球を 1 周することは有名なので覚えてしまいましょう。ちなみに計算式は

（6350 ＋ 400）× 2 ＝ 13500 … 周回軌道の直径
13500 × 3.14 ＝ 42390 … 周回軌道の円周
43290 ÷ 28000 ＝約 1.5 時間

そうすると 90 分なので、正解は**エ**です。

その 90 分の間に地球は 22.5° 西から東へ自転するので、地上から見ると西の方向へ 22.5° ずつずれていきます。
つまり 360 ÷ 22.5 ＝ 16 周すると、元の場所に戻るのです。

（2）**キ**、（3）③ **22.5**、④ **16**、⑤ **1** です。

（4）地図を見たら、南極には行っていないとわかるので**オ**ですね。

なお、位置情報の測位に使われる準天頂衛星「みちびき」の衛星直下点軌跡は、右の図のように非対称の8の字になります。

地上から見たらいつも同じ位置にある気象衛星「ひまわり」の衛星直下点軌跡は、単なる点になります。

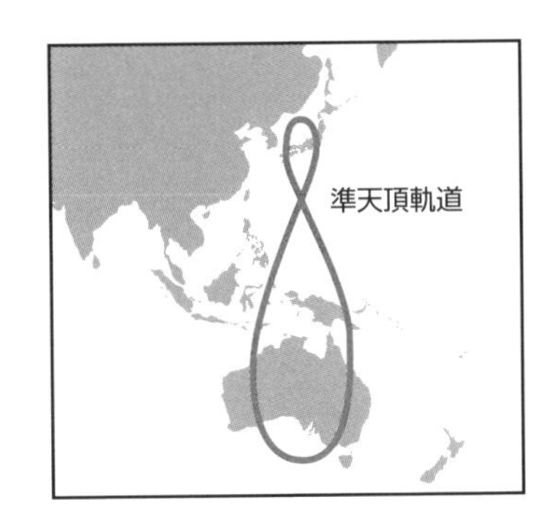


## 流水の働きと地形

さっそくですが、問題です。

### 難関中学の過去問トライ！ （お茶の水女子大学附属中学）

問4　図4のような川の、ある地点A…Bで、川底の地形とそこで見られる石の大きさを調べました。このとき、川底のようすとして最もふさわしいものを次のアからエの中から一つ選び、その記号を書きなさい。

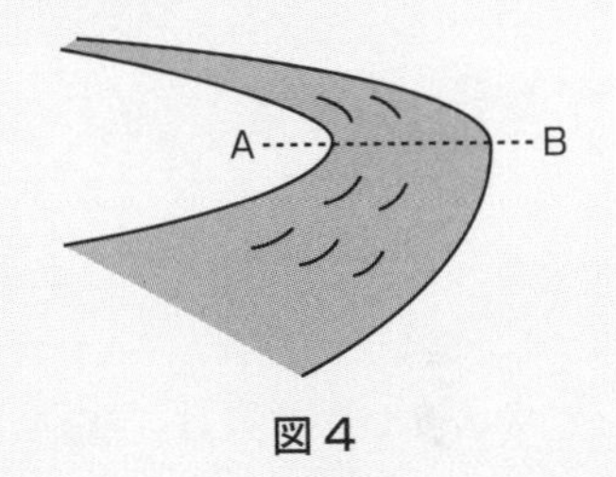

図4

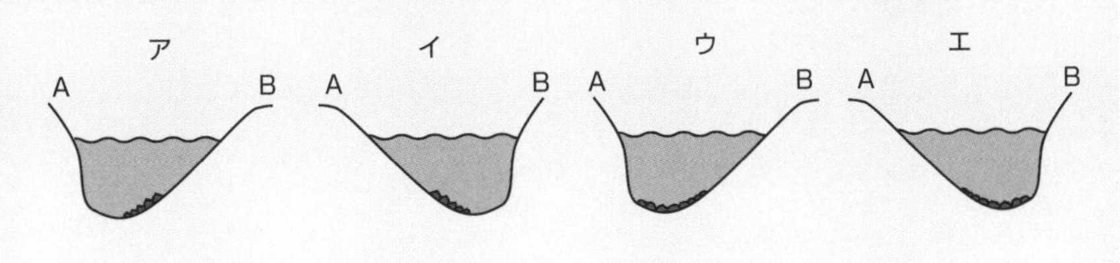


### 解説

川はまっすぐ流れている時は真ん中、曲がって流れている時は外側の流れが速くなります。流れが速ければ侵食作用が強くなるので、正解は**エ**です。外側の石の大きさが大きいのは、早い流れに耐えられる大きさの石だけ残っているからですね。川がまっすぐの時は、右の図のようになります。

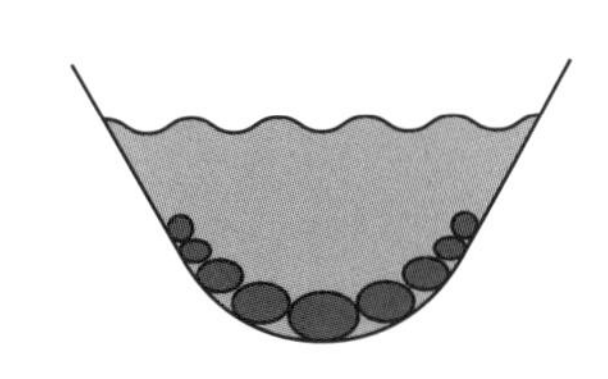

流れの速さに関係するものとしては、山にできる**V字谷**、山のふもとにできる**扇状地**、平野部にできる**三日月湖**、下流にできる**三角州**などが有名です。

ここまではみんなよくできるものなのですが、間違えやすいのが、次の問題です。

## 難関中学の過去問トライ！ （海城中学）

問３　図３は、水中で堆積物の粒子が動きはじめたり動きが止まったりする流速と、粒子の大きさ（粒径）との関係を、水路を使った実験によって調べて示したものです。この図から読み取れることとして適当なものを下のア～カからすべて選び、記号で答えなさい。ただし、図中の２つの曲線は、次のように描かれています。

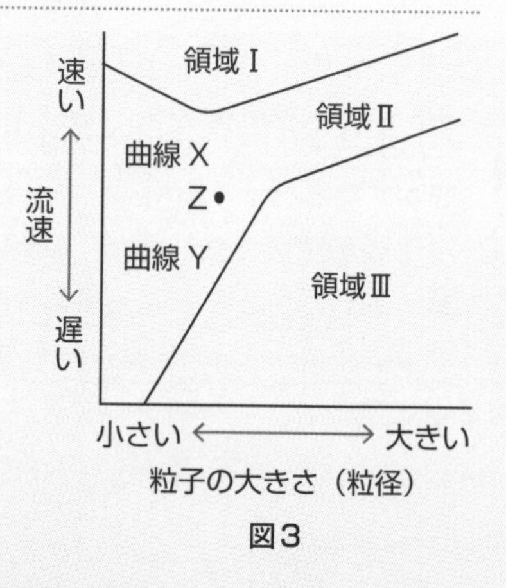

図３

曲線X：水路に粒子を置き、少しずつ流速を上げていった場合、この流速を上回ったときに粒子が動き始める。

曲線Y：流速が速く、粒子が流れている水路で少しずつ流速を下げていった場合、この流速を下回ったときに粒子の動きが止まる。

ア　文章中の下線部②の記述と関係が深い図３中の領域は、領域Ⅰである。

イ　文章中の下線部②の記述と関係が深い図３中の領域は、領域Ⅱである。

ウ　文章中の下線部③の記述と関係が深い図３中の領域は、領域Ⅱである。

エ　文章中の下線部③の記述と関係が深い図３中の領域は、領域Ⅲである。

オ　図3中のZの点の流速、粒径にある粒子は、すべて動いている。
カ　図3中のZの点の流速、粒径にある粒子は、すべて止まっている。

下線部②と③がないと解けないので、その部分だけ本文から抜粋します。

流れる水には侵食、運搬、堆積という3つの作用があります。どの作用が強くはたらくかは、水の流れる速さによって決まります。②川底の傾きが大きく、流れが速い山間部では、主に侵食作用が働き、（　1　）がつくられます。③山を抜けて平野に入るところでは、河川の流れが遅くなって堆積作用が強まり、（　2　）がつくられます。

## 解説

たくさんの人がこの問題に苦戦する原因は、「領域Ⅱ」に意味を見出そうとするからです。

このグラフは、左のグラフと右のグラフを合わせて書いただけだと気づけるようになることがポイント。

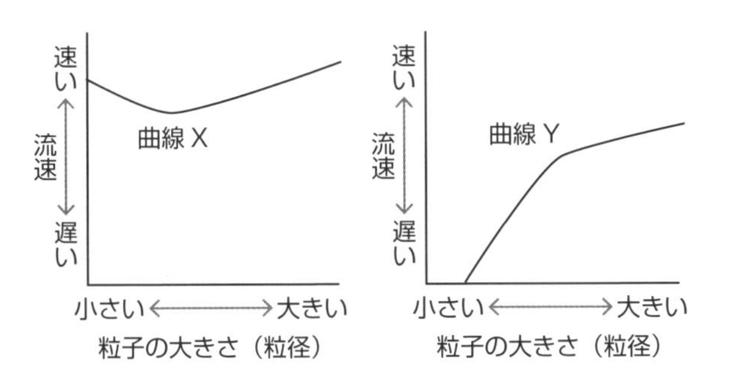


問題には曲線Xと曲線Yに関する説明が書いてありますが、簡単に言えば、「左のグラフは、この線より上の部分では止まっていたものが流れ出す」「右のグラフは、この線より下の部分では動いていたものが積もり出す」と書いてあるだけなのです。

「流れ出す」と「積もり出す」、まったく別のことを表したグラフですね。

そこに、たまたまはさまれただけの「領域Ⅱ」に意味を見出そうとしても意味がありません。

正解は**ア**・**エ**ですね。

ちなみに、本文の（1）にはV字谷が、（2）には扇状地が入りますよ。

## 地球が丸いことを証明してみる

今では衛星からの写真があるので、地球が丸いことは誰もが知っていますが、昔の人はなぜ地球が球形をしていると気がついたのでしょうか？

いろいろあるので、いくつか挙げてみますね。

まず、船で山のある陸地に近づいていく時のことを考えましょう。

もし地球が平面なら、山や海岸線はほぼ同時に見えるはずです。

もし地球が球形なら、山の上のほうから見えてくることになります。

実際、山の上のほうから見えてくることから、地球が球形だとわかるのです。

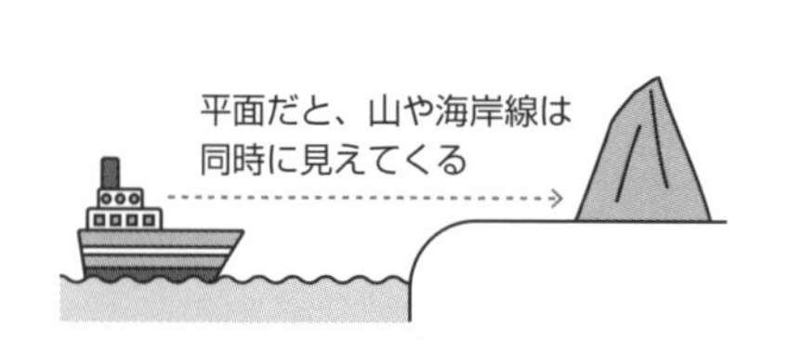

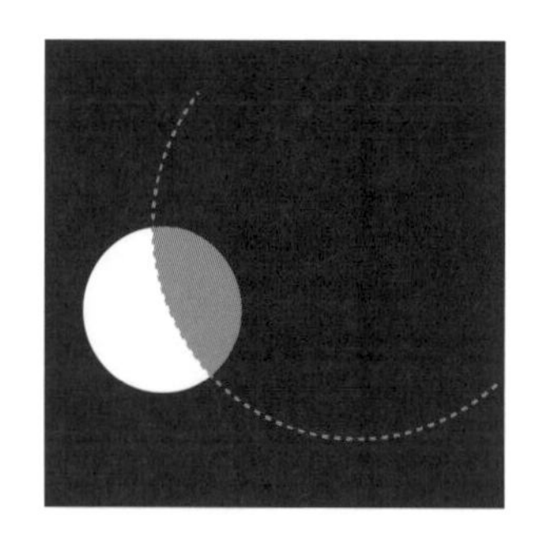

月食の時にも地球が丸いことが確認できます。月食は、月が地球の影の中に入ってしまう現象。左図のように月に映る地球の影が丸いから、地球が球形をしていることがわかりますね。

古代ギリシャの学者エラトステネスは、離れた場所で、同じ日に棒がつくる影の角度や長さが違うことから「地球が丸い」と考えました。太陽の光は平行光線なので、平面なら離れた場所でも棒のつくる影の角度は同じになるはずですが、実際は角度も長さも違います。

彼がアレクサンドリアとシエネでできる棒の影の角度の違いから地球の大きさまで計算したのは、なんと紀元前の話です！　驚きですね。

## 星座早見盤

星座早見盤は、どの方向にどんな星が観測できるのかを確認するための道具です。星図盤と地平盤という２枚の円盤を重ねて、真ん中をピンで止めたつくりです。ピンは北極星で、動かないようになっています。

星座早見盤には、東西を結ぶ曲線と南北を結ぶ直線があります。

これは、天球図を無理やり平面にしたものです。だから、周りの円は地平線です。また、天球図と比べればわかるように、北東や北西方向は実際よりもかなり狭く書かれています。

あくまでも「どのあたりに見えるか」を確認するための道具なので、星座の形を学ぶのには適していません。

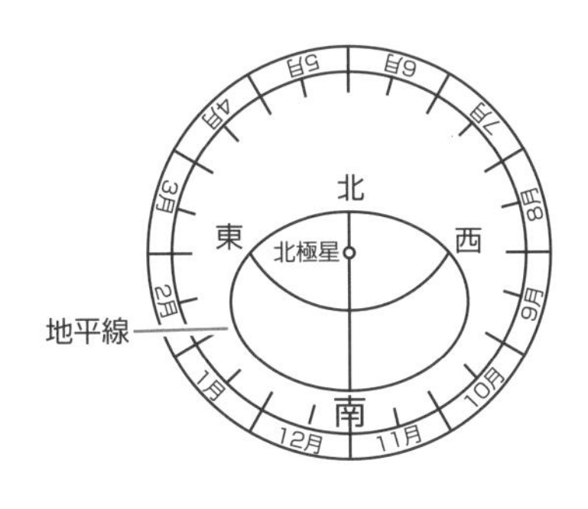


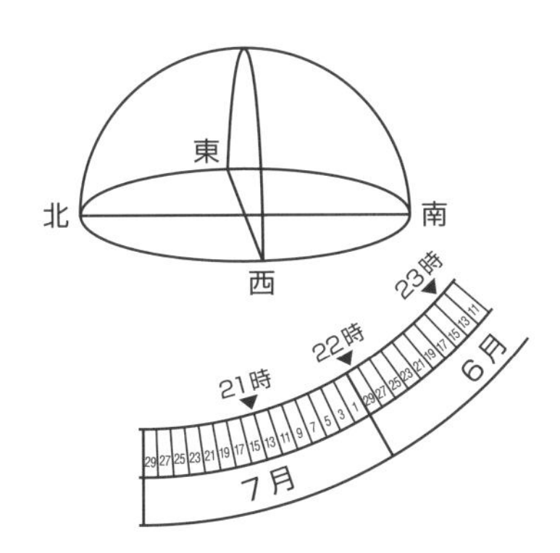


北極星のある上のほうが北、反対側は南です。注意してほしいのは、東と西です。空を見ているのですから、地上の地図とは東西が逆になります。

日付と時刻を合わせたら、観測したい方角が手前になるように持って、そのまま空を見上げて使います。こうすれば、見たい方向の地平線が下に来て、どのあたりに星があるか探しやすくなるでしょう。

## フェーン現象のしくみ

フェーン現象は、湿った風が山越えをし、山の反対側で暖かくて乾いた風が吹くことで、その付近の気温が上がる現象のことです。

普通、空気は100 m高度が上がるごとに1℃温度が下がります。でも、湿った空気が上昇しながら雲をつくる時は、100 m上昇しても0.5℃程度しか温度が下がらないことがあります。

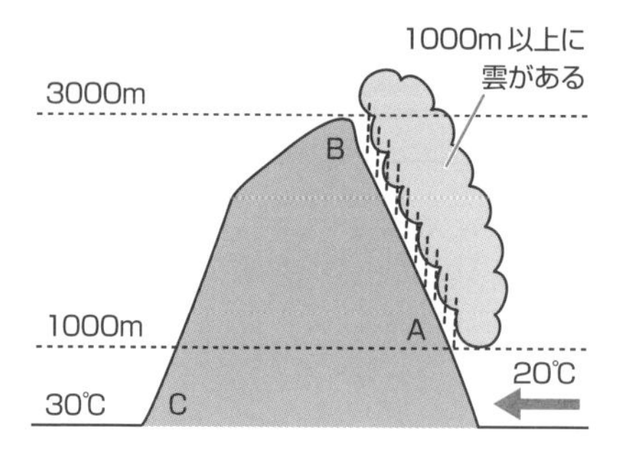


図のように20℃の風が吹いてくると、1000 m地点までは雲ができていないので、100 mで1℃温度が下がり、1000 m地点では10℃となります。

でも、そこから上は雲をつくりながら上昇するので、山頂のB地点までは、100 mごとに0.5℃しか温度が下がらず、山頂での温度は0℃となります。

Bから C まで100 m下がるごとに1℃温度が上がるので、C地点では30℃の風が吹くのです。

風が山を吹き上がった時に、空気が飽和するのに十分な水蒸気を含んでいる場合には、上昇中のどこかで雲が発生します。これは、水蒸気が水になるということです。

水から水蒸気に変化する時には周りの気化熱を奪いますが、その熱は水蒸気の中に潜熱として存在し続けます。この潜熱が水蒸気から水へと変化する時に、周りに放出されるのです。これを凝縮熱と言いますが、「潜熱が出される」と覚えておけばOKです。

すると、その出された熱で、本来よりも温度が下がらず、結果的に反対側のふもとで吹く風の温度が高くなるのです。

## 天気予報と観天望気

日本の天気予報で使われる衛星写真は、**気象衛星ひまわり**から送られてきます。ひまわりは、**静止衛星**と呼ばれています。

「えええ～、止まっているんだ!?」って思ったでしょ？

でも、よく考えてみてください。地球は自転しているから、止まっていたらどこかへ行ってしまいますよね。地上からは止まっているように見えるだけなのです。

実際は、**日本の真南あたりの赤道上空を地球の自転に合わせて周回**しています。

他に天気予報でよく出てくるのが、**アメダス**です。

**アメダス**は、全国約1300か所で、降水量、気温、風向、風速、日照時間などの自動観測を行っています。

このように、現代は様々な機械で全国的な天気を観測できるようになっています。

でもその前の時代には、人々は言い伝えで天気を予測していました。これを「観天望気」と言います。有名なものに、「夕焼け空は晴れ」「朝虹は雨」などがあります。

この二つは、理科の観点から説明することができます。

どちらにも関係しているのが偏西風。日本上空には西風が吹いているので、雲は西から東へと移動していきます。

まず「夕焼け空は晴れ」ですが、夕焼けは雲のない西の空に起こる現象です。西の空に雲がないということなので、そのあとは晴れの確率が高くなります。

次に「朝虹は雨」ですが、まず虹は太陽を背にした時に見えるものです。つまり、太陽の反対側にできます。朝は太陽が東側にありますから、虹が見えるのは西です。

また、虹は空気中の水滴が光を反射することで見えるため、虹の見える先には水滴がたくさんあるということを表しています。

西側に水滴がたくさんあるので、そのあと雨になる確率が高くなるのです。

さて、地学はここまで。

理解できましたか？

一つひとつ、要点を押さえれば決して難しくありませんよ。

じっくり取り組んでみてくださいね。

第1章

# 水と空気

# 水の性質



## 「水」と「空気」はすべての生物が生きるために必要なもの

化学のスタートは、水からです。みんなは「３・３・３の法則」って言葉を聞いたことがあるかな？　人間は空気がないと３分、水がないと３日、食べ物がないと３週間しか生きられないということを表したものです。
先生もよく「生物は飢えよりも渇きに弱い」という話をしますが、同じ意味だね。空気は次回扱うので、まずは水について話していきますよ。

水は日常生活の様々な場面に登場します。先生はさっきパスタをゆでるために、お鍋に入れた水をコンロで加熱しました。ゆでている麺がクルクルまわっているのを見るのは好きなんですが、グツグツ沸くまで待つのは嫌いです。だって、ものすごい時間がかかりますからね。
試しに、天ぷら油を鍋に入れて加熱すると、ビックリするくらい早く温度が100℃まで上がります。つまり、水は「温まりにくい」のです。
でも、水に文句を言うわけにはいきません。
水は、この星に生命を誕生・進化させただけではなく、住みやすい気候も提供してくれているからです。現在の地球の平均気温が15℃くらいで安定しているのは、水が「温まりにくく冷めにくい」からなのです。

そんな水は、じつは「ものすごい変わり者」でもあります。「温まりにくく冷めにくい」という性質だけではなく、「固体、液体、気体という三つの状態を目にすることができる」「氷が水に浮く」「表面張力が大きい」といった性質はどれもとても珍しいものなのです。

じつは特殊な水の性質

水はあまりにも身近に存在するので、そう聞いてもみんな「へぇ～、そうなのか」としか思えないでしょう。

最初に断っておきたいのですが、先生はこれらの性質を覚えてほしいと思ってここに書いたわけではありません。これらは「覚えるのではなく、気づく」ことだからです。

水に限らず、これから勉強する「化学」現象の多くは、みんなの身の回りに存在していることです。そのことに気がつき、これまで何気なく見ていた日常に起こる現象を理解することが化学の勉強の本質なのです。

そのことを意識しながら、本格的に学習を開始していきましょう！

水の表面張力が大きいのは、水の集まろうとする力（凝集力）が高いから。

## 水や空気は「複数のもの」の集合体

水や空気は、長い間“一つのもの”と思われてきました。

でも、今では**空気はたくさんの気体の集合体**であり、**水は水素と酸素でできたもの**だと知られています。

もう少しくわしく言えば、「水分子」は「水素原子２個」と「酸素原子１個」が結合してできた化合物です。

水分子は近くの水分子同士で引きつけ合っています。「水素結合」と呼ばれる非常に強い結びつきです。この結びつきがとても強かったので、長い間水は“一つのもの”と思われていたのです。

水分子の中の酸素原子と、となりの水分子の中の水素原子が引きつけ合います。

## 膨張と収縮について知っておこう

ものは温度が上がると体積が増えます。このことを**膨張**と言います。

逆に、温度が下がると体積は減る。このことを**収縮**と言います。

つまり、みんなが座っているイスは冬よりも夏のほうが大きくなっているのです。「そんなバカな!?」と思うかもしれませんが、本当です。

**ものは温度が上がると膨張し、温度が下がると収縮する**

ただ、イスの大きさの変化は、目で見てもほとんどわかりません。それは、イスが固体だからです。

温度によって変化する度合いのことを、**膨張率**と言います。これは「もの」によって違います。**固体は膨張率が小さい**のです。

膨張や収縮をして、**体積が変化しても重さは変わりません。**イスは夏に大きくなっても、重くはならないのです。頭の片隅においておきましょう。

## 気体の膨張と収縮は、周りにあるものの変化で確認する

**気体は膨張率**が大きいのですが、目に見えません。だから、気体の膨張を観察するためには、その周りにあるものの変化を観察する必要があります。

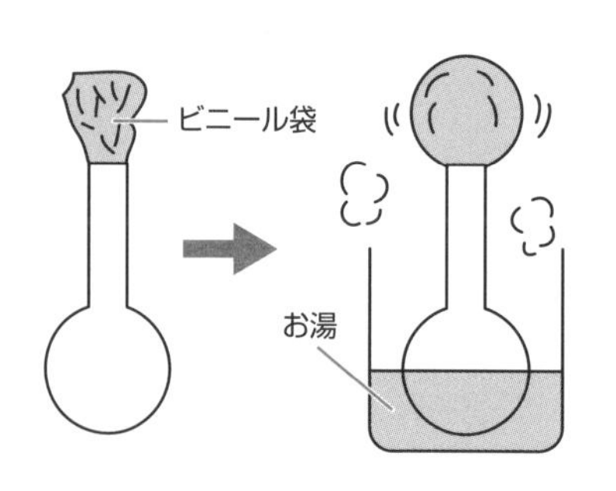


たとえば、図のようにビニール袋をつけたフラスコをお湯につけると、ビニール袋は膨らみます。フラスコ内の**空気が暖まって膨張したから**です。

気軽にできる実験も紹介しておきましょう。

空のペットボトルに水を少し入れてフタをし、よく振ってください。フタを取り、ペットボトルの口を少し濡らして、さかさまにフタを置きます。この時、フタも濡らしておくといいでしょう。

その状態でそっとペットボトルに手をそえると、フタがカタカタ動きます。これは、手で暖められ**膨張した空気がフタを押し上げる**からです。

水の「集まろうとする力」がフタとボトルのすき間をふさいでいるので、膨張した空気が外に逃げようとして、フタがカタカタ動くのです。

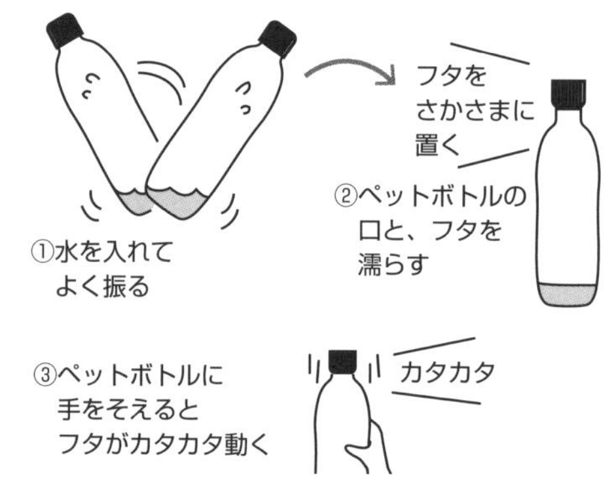


実験：暖まった空気が膨張する

## 体積変化の小さい液体の膨張を確認する方法

液体は気体よりも体積変化が小さいと言われています。

ですから、水の体積変化を観察する場合は、次の図のように丸底フラスコに細いガラス管をつけた装置を使います。細いガラス管を使うと、**少しの体積の増減で高さが大きく変化してわかりやすいから**です。

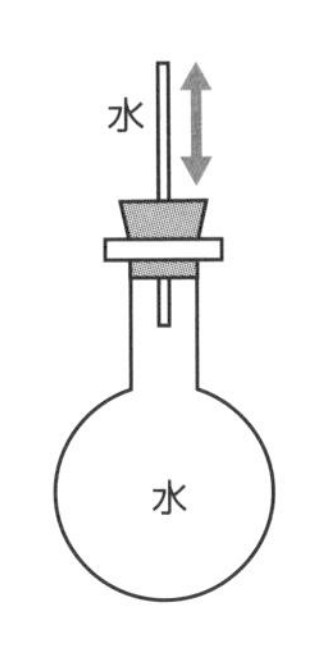


ところで、この図は温度計に似ていると思いませんか？

**温度計は、液体が膨張したり収縮したりすることを利用したもの**。そのため、変化を見やすくできるように、下に大きな液だめをつくり、上の部分を細くしているのです。

ここで問題です。このフラスコをお湯につけたら、ガラス管の水の高さはどうなるでしょう？

水が膨張するから上がる…と言いたいところですが、じつは違います。

正解は、「**少し下がってから上がる**」です。

これは、お湯がものを温める順番が関係しています。

まず、お湯はフラスコを温めます。その次に、温められたフラスコが中に入っている水を温めます。つまり、水より先にフラスコが膨張するのです。

だから、フラスコが大きくなった分、最初に少し水面が下がり、そのあとすぐに水が膨張を始めて、水面が上がるというわけです。

このように、水も基本的には温めることで体積が大きくなります。

## 「4℃の水は1gで1㎤」と覚えておこう

でも、「水は変わり者だ」って言いましたよね？　水の体積変化を表した次のグラフを見てください。普通は、温度が上がったら上がっただけ体積が大きくなるけれど、水はそうなってはいません。

**水は体積が一番小さいのが4℃で、そこから温度が上がっても下がっても体積が大きくなります**。これはとても特殊なことなのです。

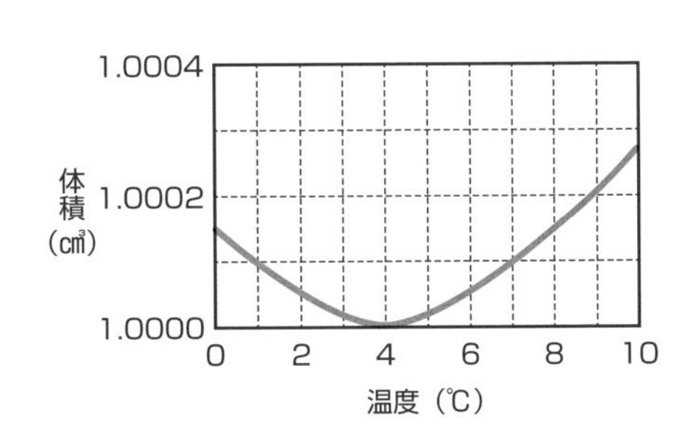

水の体積変化

ちなみに、**4℃の時の水は1gで1㎤**ですね。この数字は覚えておきましょう。

## 水の特殊性：固体のほうが液体よりも軽い

「固体・液体・気体」、この三つの状態を「物質の三態」と言います。

氷は固体、水は液体、水蒸気（すいじょうき）が気体。これはみんな知っていますよね。

**ものが固体から液体に変わる温度を融点（ゆうてん）**、**液体から気体に変わる温度を沸点（ふってん）**と言います。

ものは周りの温度や気圧によって固体・液体・気体に変化しますが、この時に起こる変化にも水の特殊性が表れています。

多くの物質は、**固体の時が一番小さくて、液体になると少し大きくなり、気体になるとさらに大きくなります**。もちろん、変化するのは体積だけで**重さは変わりません**。

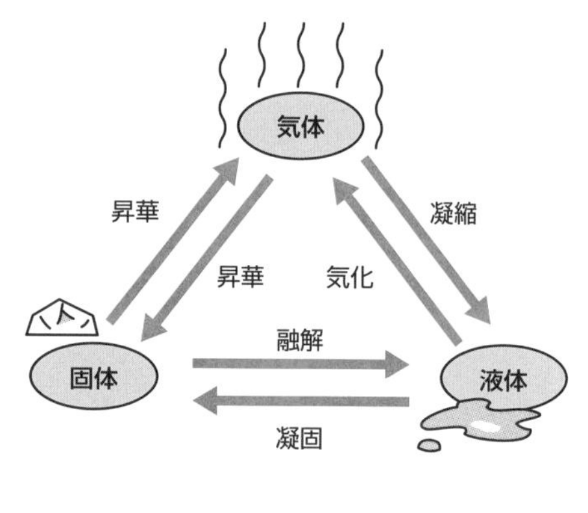


物質の三態

つまり、同じ体積で比べると固体が一番重い（密度が高い）ので、物質が固体になると液体の中に沈（しず）みます。これが普通です。

ところが、氷を水に入れてみると水面に浮（う）かび上がります。これは、水が他の物質と違（ちが）い、固体の氷のほうが軽い（密度が低い）からです。

**［普通の物質］**
固体＜液体＜気体

**［水］**
固体＞液体＜気体
約 1.1 倍＞1＜約 1600 倍

水の体積は、氷になると**約 1.1 倍**に、水蒸気（すいじょうき）になると**約 1600 倍**に大きくなります。

ところで、**水が氷になる温度は0℃**で、**水が水蒸気（すいじょうき）になる温度は 100℃**です。知っていましたか？　キリがいい数字なのは、水を基準にして温度を決めたから。

つまり、水が氷になる温度を0℃、水が水蒸気になる温度を100℃として温度を決めたということです。

## 「温めることは、同時に冷やすこと」って、どういうこと!?

先に進む前に、一つ教えておきたいことがあります。

「温めることは、冷やすこと」です。

えっ!?　意味がわからないって？

言い換えると、「温めるのは、同時に冷やすことでもある」ということです。もっとわからなくなってしまったでしょうか。

たとえば、お風呂で温まることを考えてみましょう。

お風呂に入ると体が温まります。これは、近くにあるものの間を、熱が移動して、同じ温度になろうとするからです。お湯から熱が体に移動して温まったということです。

この現象をお湯の視点で考えてみると、「急に冷えた人間が来て、冷やされてしまった」となります。

温めるのは同時に冷やすことでもある

お風呂で体が温まるのは、お湯から熱を奪うから。だから、「温めることは、冷やすこと」と言えるのです。これでわかったでしょうか？

ちなみに先生は、「お風呂で温まってくるよ」の代わりに「お湯を冷ましに行ってくるよ」と言ったり、「冷房で部屋を冷やそう」の代わりに「よし、外を温めよう」と言ったりします。

日常生活で使うのはおすすめしませんが、この視点はとても大切なので、しっかり理解しておいてくださいね。

## 水の温度による変化（水を凍らせた場合）

では次に、水を冷やして氷にする実験を紹介します。

水を氷にするには、0℃以下に冷やさなければいけません。冷凍庫に入れれば簡単ですが、それでは実験にならないので**寒剤**というものを使って冷やします。

寒剤とは、混ぜることで低温になる物質の組み合わせのことで、**氷と食塩**

の組み合わせが有名ですね。うまく組み合わせると、なんと－20℃くらいになりますよ。

食塩は氷を溶かすスピードを速めます。氷が溶けるためには熱が必要なので、その熱を周りから奪います。熱を奪う速度が速くなるため、周辺が0℃よりも低い温度になるのです。



図1のように、寒剤を使って、試験管内の水を冷やしていく時の温度変化を表したグラフが図2です。

図2を見てみると、温度が0℃のまま、しばらく変わっていないことがわかりますね。これは、**水から氷に変わるために、周りにたくさんの熱を放出する必要があるから**です。

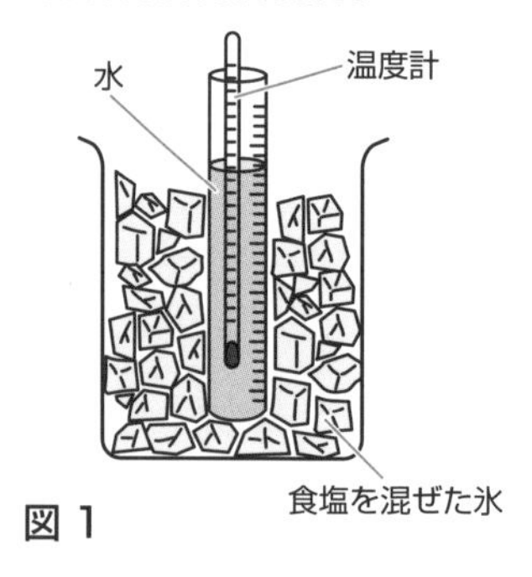


図1

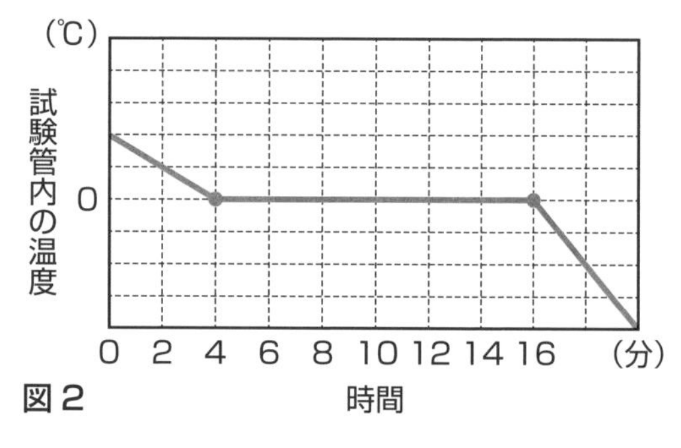


図2

逆に氷の状態から温めていっても、同じようにしばらく0℃で温度が変わりません。

これは、**氷から水に変わるために、周りからたくさんの熱を奪う必要があるから**です。

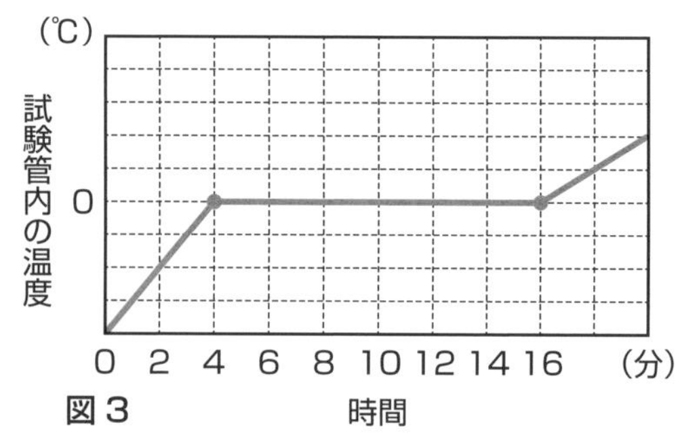


図3

試験管をはさんだ二つの物質の間では絶え間なく熱が移動していますが、状態変化が起こっている間は、そこにエネルギーが使われているのです。

図3の場合で言うと、0℃になるまでは**全部が氷**です。0℃でしばらく温度が変わらない間は状態変化をしているので、**水と氷が混ざった状態**。そし

て、再び温度が上がり始める時は**全部が水の状態**ですね。

**化学のミニCOLUMN**

実際に水を冷やしていくと、水の状態のまま、0℃よりも温度が下がることがあります。融点を過ぎても液体のままのことを「過冷却」と言います。この状態でわずかな衝撃が加わると、一気に凍り始めます。逆に、沸点を超えても液体が気体にならないことを「過熱」と言います。

水を温めていくと、突然お湯が激しく沸騰を始める「突沸」は、過熱状態の水に何らかの衝撃が加わって一気に水蒸気になることで起こる現象です。

## 水の温度による変化(水を温めた場合)

今度は水を温める場合について考えてみましょう。

この場合は、熱に強い丸底フラスコを使います。水を入れた丸底フラスコを温めると、すぐにフラスコの**外側がくもります**。

これは、アルコールが燃えてできた**水蒸気**が、フラスコに触れることで冷やされて水に戻るために起こります。

次に、小さな泡が出てきます。これは、水の温度が上がると空気が溶けにくくなって、**もともと溶けていた空気**が出てくるからです。

そのあとに出てくる小さな泡や大きな泡の正体は、**水蒸気**です。

その頃になると、ガラス管の先に湯気が見え始めます。**湯気は、水蒸気が冷やされて水の粒に戻ったもの**です。気体ではなくて液体ですよ。

気体だったら目に見えません。図のガラス管と湯気の間にすき間がありますが、この何もないように見える部分が**水蒸気**です。

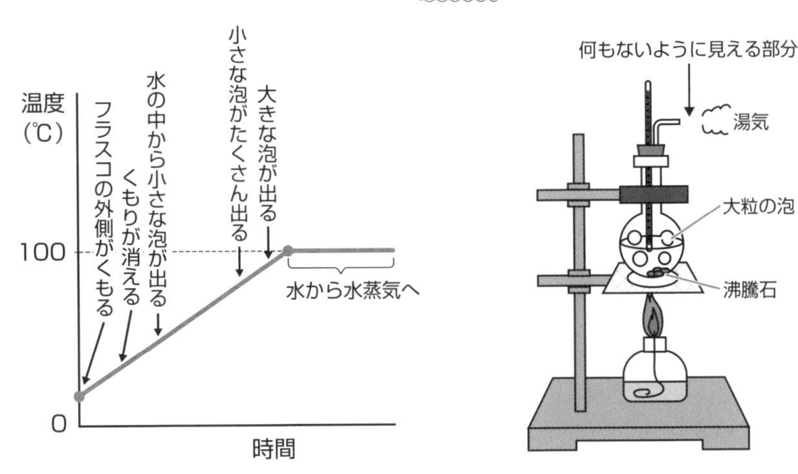

この実験をする時には、フラスコに「あるもの」を入れなくてはいけません。何だと思いますか？　答えは**沸騰石**です。沸騰石を入れるのは、**突沸を防ぐため**です。



## 「沸騰」は水の内側、「蒸発」は水の表面で起こる現象

「沸騰」と似た現象に、「蒸発」があります。どちらも水が気体になる点では同じです。二つの違いを知っておきましょう。**沸騰は水の内部で起こります。一方、蒸発は水の表面で起こります**。

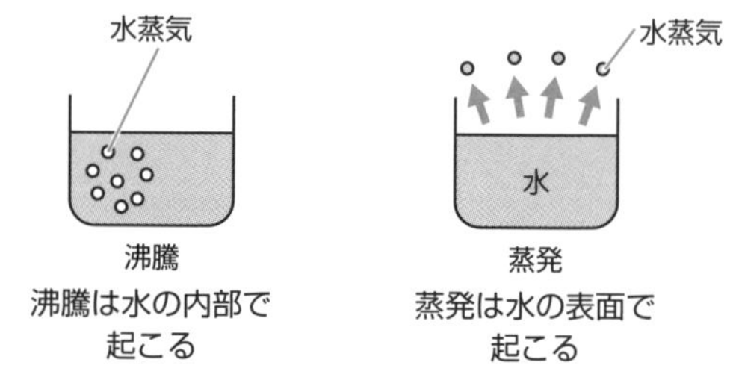


沸騰と蒸発の違い

蒸発は温度に関係なく起こる現象です。たとえば、夜コップに入れた水が朝になると減っているのも、洗濯物が乾くのも蒸発です。

先ほどの実験で、「水に溶け切れなくなった空気が出てきたあとに、たくさん出た小さな泡の正体が水蒸気です」という話をしましたね。

この泡は、まるでフラスコから出てきたように見えませんか？

でも、実際はフラスコと水の境目、フラスコに触れている水の表面から出ているので「蒸発」だと考えられます。

そのあとボコボコ出てくる大きな泡は、水の内部から出てくるので「沸騰」ですね。

**化学のミニCOLUMN**

水分子同士を結びつけている水素結合を、熱のエネルギーで振り切って水蒸気に変化させる現象が沸騰です。液体が形を変えられるのは、分子がある程度自由に動けるから。目で見てもわかりませんが、水中の水分子は絶えず動きながら水素結合の解消と再結合を繰り返しています。その過程で、たまたま大きな速度を持った水分子が水素結合を振り切って、水面から空気中に飛び出します。この現象が「蒸発」です。

最後に入試問題に挑戦してもらいたいのですが、その前に地球の気候に水がどのように影響しているのかを少しだけ説明しましょう。

## 水の特殊な性質と地球環境

地球の気温は、他の星と比べて非常に安定していて、変化も穏やかです。変化が穏やかなのは、地表の約70%を覆っている水が温まりにくく冷めにくい（比熱容量が大きい）から。たとえば、砂漠地帯では昼夜の気温差がとても大きくなりますが、これは水がほとんど存在しないためです。

水の特殊な性質は、生命の誕生にも関係しています。

もし、水が他の多くの物質と同じように固体のほうが密度が高かったら、海水は凍ると同時に海底に沈んでいきます。凍ってしまうと「対流」という効率のよい熱交換はできなくなります。ということは、海面が温まっても、底の氷が溶けないかもしれません。そうなると、だんだんと氷がたまってしまうので、地球は水の惑星ではなく氷の惑星になっていたでしょう。ひょっとしたら、生物も誕生しなかったかもしれませんね。

実際は4℃の水がもっとも高密度で重いので、深海の温度はどこもだいたい4℃です。水深2000 mより深いところでは、温度の変化はほとんどなく安定した状態になっています。これらは海洋深層水と呼ばれています。

さて、海には黒潮（日本海流）や親潮（千島海流）のような海流があることは有名ですが、これらは表層流と呼ばれる水深数百メートルまでの水の流れです。海には別に、深層流と呼ばれる深層水の流れもあります。

深層流をつくる駆動力は、塩分濃度と温度差です。

北極に近いグリーンランド沖では、海水が冷却され、氷が形成されます。

この時、水分だけを氷として抜き取られた海水は塩分濃度が増加するので、周りの海水よりも重くなります。十分に冷やされて高濃度になった海水が、海底付近まで沈降していくのです。

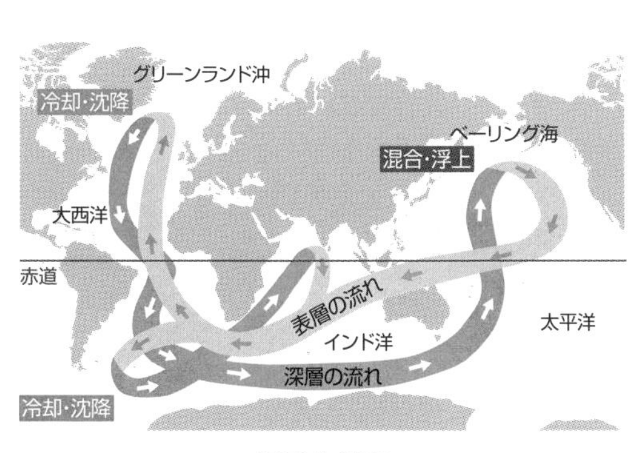


深層水循環

次々と沈降していく海水でつくられた深層流は、ゆっくりと大西洋を南下して赤道を通って南極に到達し、そこでつくられる深層水と合流します。そのあとは北上を続け、太平洋やインド洋へと枝分かれしていく過程で少しずつ勢いを失います。やがて表層流と混ざり合って、再びグリーンランド沖へと向かいます。

深層水循環と呼ばれるこのサイクルは約1000年。比熱容量の大きい水が地球をゆっくりと循環し、1000年単位で見た気候にも大きく関係しています。



## 難関中学の過去問トライ！ （ラ・サール中学）

−20℃の氷を200gとってビーカーに入れたものを、発泡スチロール容器に入れて熱が逃げないようにして、1分間あたりに与える熱の量を一定に保ちながら加熱しました。このときの加熱時間と温度の関係をグラフに示してあります。

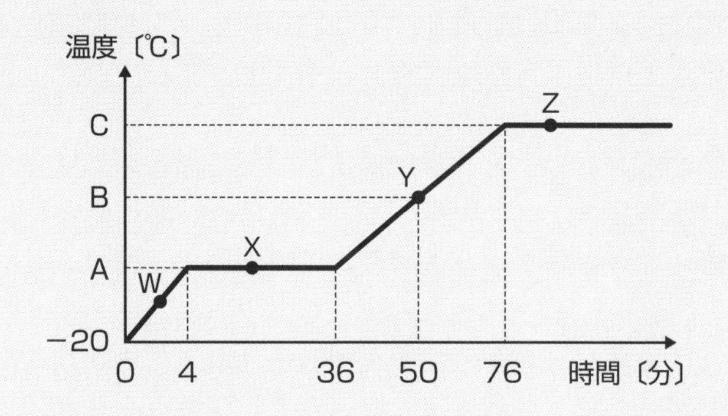


（1）A、Cの温度はそれぞれ何℃ですか。

（2）固体と液体の水が共存しているのは、点W、X、Y、Zのうちどれですか。

（3）Bの温度は何℃ですか。

（4）1gの「氷」の温度を1℃上昇させるのに必要な熱の量は、1gの「液体の水」の温度を1℃上昇させるのに必要な熱の量の何倍ですか。

### 解説

（1）Aは0℃、Cは100℃です。

（2）0℃でしばらく温度が変わらない間は状態変化をしているので、水と氷が混ざった状態になります。答えはXです。

（3）グラフを見ると36分から76分の間に0℃から100℃まで温度が上がっています。40分で100℃温度が上がっているので、1分間では100÷40＝2.5℃温度が上がることがわかります。50分の時の温度は36

分から14分後の温度を求めればよいので、2.5 × 14 = **35℃**です。

（4）氷は－20℃から0℃まで4分間で温度が上がっているので、1分間では20 ÷ 4 = 5℃温度が上がることがわかります。（3）で求めたように水は1分間で2.5℃温度が上がるので、氷は水よりも温度を上昇させるのに必要な熱の量が少ないことがわかります。答えは**1/2倍**です。

# 気体の性質

## 空気は「窒素8割、酸素が2割、二酸化炭素が0.04％」

今回は、空気中の気体の性質について学習しましょう。

空気はいろいろな気体の集合体だと説明しましたが、受験上は**窒素8割、酸素2割、これで空気のできあがり**。これくらいの感覚でOKです。

ついでに、**二酸化炭素は0.04％くらい**と覚えれば完璧です！

実際には右の表のように様々な微量の気体がありますが、覚える必要はありません。空気中の気体でよく入試に出るのは酸素と二酸化炭素なので、その二つを中心に学習を進めていきましょう。

● 空気中の気体

| 成分 | 割合 |
| --- | --- |
| **窒素** | 約78.1％ |
| **酸素** | 約20.9％ |
| アルゴン | 1％未満 |
| **二酸化炭素** | 約0.04％ |
| ネオン | 微量 |
| ヘリウム | 微量 |
| メタン | 微量 |
| クリプトン | 微量 |
| 水素 | 微量 |
| キセノン | 微量 |
| オゾン | 微量 |
| 二酸化窒素 | 微量 |

## 気体の集め方

空気中の気体の特徴を勉強する前に、気体の集め方について話しておきましょう。気体を集める方法には、3種類あります。

**水上置換法**、**上方置換法**、**下方置換法**です。

### ①水上置換法

この方法は次ページの図のように、水を入れた**集気ビン**の中に気体を集めていくやり方です。ほとんどすべての気体はこの方法で集めます。

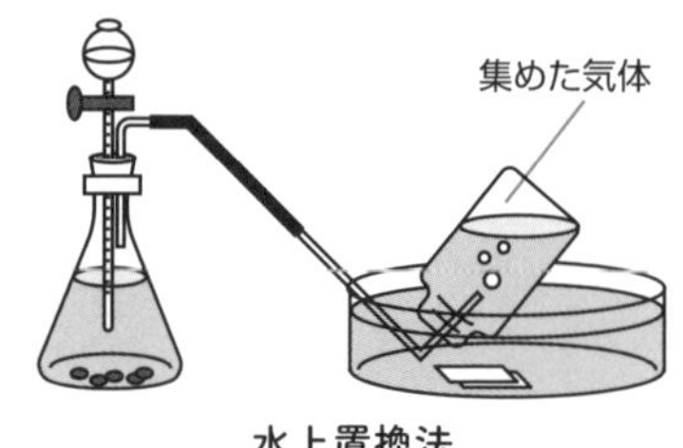

水上置換法

### ②上方置換法

この方法は、図のように空気中で気体を集めるやり方です。**水に溶けやすく空気よりも軽い気体**を集めるのに適しています。

**この方法で集められるのはアンモニア**です。

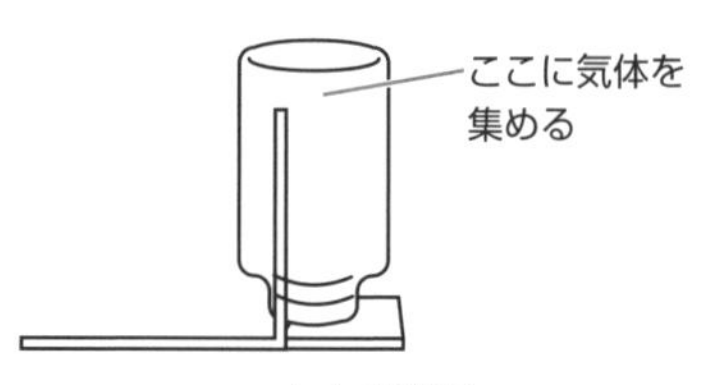

上方置換法

### ③下方置換法

この方法では、図のように空気中で気体を集めます。**水に溶けやすく空気よりも重い気体**を集めるのに適しています。

**この方法で集められるのは塩化水素**です。

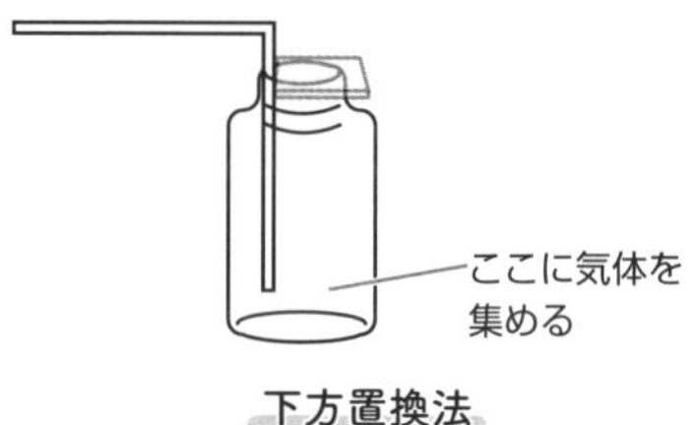

下方置換法

## 基本は水上置換法。上方置換法と下方置換法は例外

ここで注意してほしいことがあります。

まず、基本的に気体は水上置換法で集めます。なぜなら、水上置換法では**周りから余計な気体が入ることがないので、純粋な気体を集めることができるから**です。他の二つの集め方は空気中で集めるので、集めたい気体以外の不純物がどうしても混ざってしまうのです。

「じゃあ、全部水上置換法でいいじゃん！」と思うかもしれませんが、そうもいきません。水に溶けやすい気体は全部水に溶けてしまって集まらないのです。

**水に溶けやすい気体の代表が、アンモニアと塩化水素**。

**アンモニアは空気より軽いので、上方置換法**で、**塩化水素は空気より重いので、下方置換法**で集めます。

そうだ、「集気ビンに**最初に集めた気体は捨てる**」ということも覚えておきましょう。最初に集めた気体には、**実験を始める前から三角フラスコ内に**

**入っていた気体（空気）が混ざっているから**ね。

では、各気体の性質について勉強していきますよ。

たとえば、二酸化炭素は空気より重いので下方置換法で、水素は空気より軽いので上方置換法で集めることもできます。でも、水上置換法と違い不純物が混ざってしまうので、基本的には水上置換法で集めるのです。

## 酸素の性質

酸素の性質で覚えるべきことは一つ。

**助燃性がある**。これで終わりです。

よく「無色透明無臭」など、いろいろ書かれていたりしますが、覚える必要はありません。助燃性、つまり、**ものが燃えるのを助ける性質がある**ことだけ覚えておけばOKです。

## 二酸化炭素の性質

二酸化炭素の性質で覚えるべきことは四つです。

①**石灰水（水酸化カルシウム水溶液）を白くにごらせる**

②**空気の約1.5倍の重さ**

③**水酸化ナトリウム（水溶液）によく吸収される**

この三つは必ず暗記！　最後の一つが、

④**二酸化炭素は水に溶けると炭酸水になる**

押さえておいてくださいね。

**二酸化炭素は温室効果ガス**と呼ばれることも知っておきましょう。

地球が宇宙空間に出す熱（赤外線）を吸収するので、二酸化炭素が増えると地球温暖化が進んでしまうという理屈です。

ただ、逆に二酸化炭素が減りすぎてしまうと気温が下がり、寒冷化が進みます。大切なのはバランスなのです。

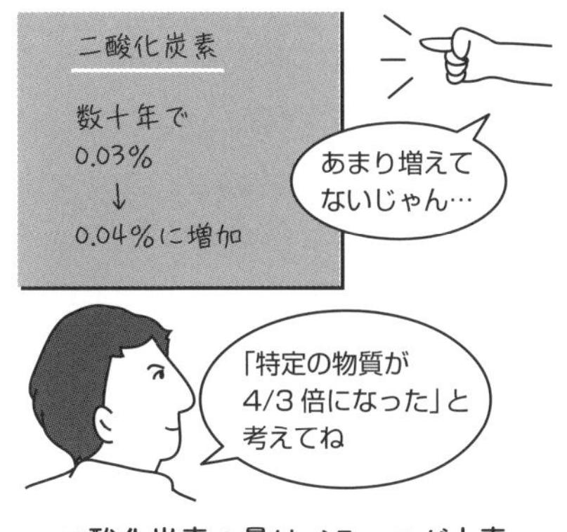


二酸化炭素の量はバランスが大事

二酸化炭素の空気中の割合は、長らく0.03％ほどでした。それが、この数十年で増加し、今は0.04％になっています。

え!?　たった0.01％しか増えてないじゃないかって？

その発想ではダメですよ。絶妙な配合バランスが大切なのに、「特定の物質だけ$\frac{4}{3}$倍になっちゃった」と考えなくてはなりません。



## 酸素と二酸化炭素を発生させる方法

酸素も二酸化炭素も、三角フラスコにコック付きろうと管をつけた図のような装置で発生させます。注意してほしいのは、**気体を出すガラス管は、コック付きろうと管よりも短くしなければいけない**ことです。

もしフラスコの中で、ガラス管のほうが長いと、液体を入れた時にガラス管が液体につかってしまいます。すると、フラスコ内の気体は出ていくところがありません。それどころか、気体が中にたまると内部の圧力が上がり、コック付きろうと管のせんを開いたら液体が逆流することもあります。そうならないように、設置の時は気をつけましょう。

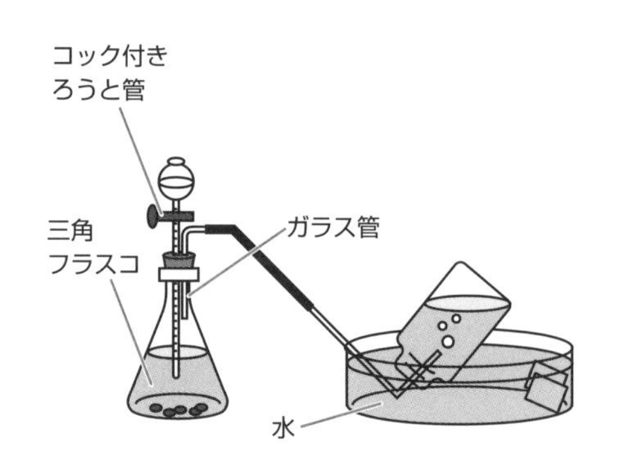


装置に入れるものをまとめたのが下の表です。

| 器具 | 酸素の発生 | 二酸化炭素の発生 |
|---|---|---|
| コック付きろうと管 | **過酸化水素水** | **薄い塩酸** |
| 三角フラスコ | **二酸化マンガン** | **炭酸カルシウム** |

**過酸化水素水は液体**、**二酸化マンガンは黒い固体**です。二酸化マンガンの代わりに生のレバーや生のジャガイモを使ってもOKです。

**薄(うす)い塩酸は液体**、**炭酸カルシウムは白い固体**です。炭酸カルシウムが主成分のものは、**石灰石**、卵の殻(から)、チョーク、貝殻(かいがら)などがあります。

ここの太字は、絶対に暗記してくださいね。

**化学のミニCOLUMN**

二酸化炭素は、重曹(炭酸水素ナトリウム)を酸性の液体と反応させるか、重曹を熱することでも発生します。重曹はベーキングパウダーというものにたくさん含まれていて、たとえばパンケーキは、焼く時に熱されて発生した二酸化炭素で生地が膨らむのです。二酸化炭素が出ていく時に、中に蜂の巣のようなすきまができます。

## 酸素の発生と二酸化炭素の発生の違い

どちらもコック付きろうと管に入れた液体と三角フラスコに入れた固体を使うところは同じですが、二つには大きな差があります。

塩酸に溶けている**塩化水素**と**炭酸カルシウム**は、**二酸化炭素**と**塩化カルシウムに変わります**。二つのものが化学的に反応し、最初とは違う他のものに変わってしまいます。

反応の結果、新しくできた二酸化炭素を集めているということです。

一方で、酸素は過酸化水素水だけから発生します。少し乱暴な言い方をすれば、過酸化水素水というのは、水に酸素を無理やり溶かしたものです。不安定な状態で、安定した酸素と水に分離したがっているような感じですね。

触媒の役割

そして、分離するきっかけを与えてあげるのが二酸化マンガンです。分離するきっかけを与える役割をするものを**触媒**と言います。触媒は、反応を助けることが仕事で、それ自体は変化しません。だから、過酸化水素水は酸素と水に変わるけれど、二酸化マンガンは何も変化せず、重さも変わらないのです。

## 水素の性質

その他の気体についても、いくつか紹介しましょう。

水素の覚えるべき性質は二つです。

①**燃えると水ができる→試験管の中に入れて燃やすとポンと音が鳴る**

②**空気より軽い（空気の約 0.07 倍）→気体の中で一番軽い**

水素は、酸性やアルカリ性の水溶液に金属が溶けると発生します。
よくテストに出る組み合わせを、下表にまとめました。

| | アルミニウム | 亜鉛 | 鉄 | 銅 |
|---|---|---|---|---|
| 塩酸 | ○ | ○ | ○ | × |
| 水酸化ナトリウム水溶液 | ○ | △ | × | × |

「銅はどちらにも溶けない」という知識はよく試験に出るので、覚えておきましょう。△マークは、「低温では反応しないが、熱を加えると反応する」ということを表しています。

水素は燃えると酸素と反応して水になるので、二酸化炭素を出さないクリーンなエネルギーとして期待されています。
ただ、燃える瞬間には水しかできないのですが、生産時に排出される二酸化炭素の存在を忘れてはいけません。輸送方法・保管方法など、実用化にはまだ解決しなくてはならない多くの問題があるのです。

## アンモニアの性質

**アンモニア**の覚えるべき性質は三つです。
①**刺激臭がある**
②**空気より軽い**（空気の約 0.6 倍）
③**水にとてもよく溶ける**（水の数百倍の体積が溶ける）

刺激臭とは、鼻がツーンとするようなにおいのことです。
入試では、発生方法よりも、集め方について出題されることが多いです。水によく溶けるので、水上置換法は使えませんよね。空気よりも軽いので、**上方置換法**で集めます。

アンモニアについては、水によく溶ける性質を直接問うのではなく、実験を使って間接的に出題される場合もあります。
次の図のように試験管の中にアンモニアを入れて、口の部分を指でおさえ、水の中で指を離すとどうなるかわかりますか？

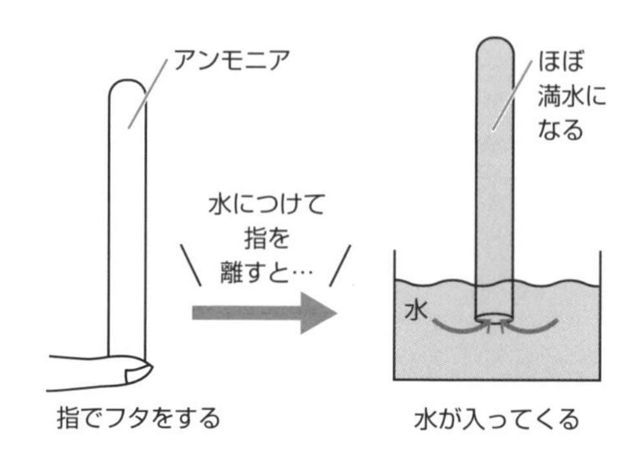

指を離すと、アンモニアが水に溶けて、中の気圧が下がります。
そうすると、**真空**に近い状態になるので、吸い込まれるように水が試験管の中に入っていくのです。

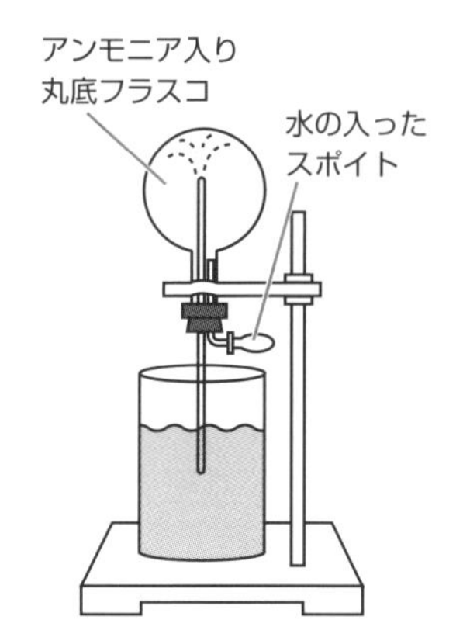


同じように、アンモニアを入れた丸底フラスコを水の中に入れ、丸底フラスコ内にスポイトで少し水を入れると、アンモニアが水に溶け、「**内圧が下がり、真空に近い状態**」になります。
すると、吸い上げられるように水が丸底フラスコ内に入っていき、噴水のようになります。
ビーカーの水にフェノールフタレイン液を溶かしておくと、アンモニアと反応し、赤い噴水を見ることもできますよ。

## 塩化水素、塩素の性質

**塩化水素**の覚えるべき性質は三つです。
①**刺激臭がある**
②**空気より重い**（空気の約 1.3 倍）
③**水にとてもよく溶ける**（水の数百倍の体積が溶ける）→**塩酸になる**

塩化水素を水に溶かした液体が塩酸です。今後もよく出てくるので、今のうちに覚えてしまいましょう。塩化水素の集め方はもうわかりますね？　塩化水素は、水によく溶けて空気よりも重いから、**下方置換法**で集めます。

塩素は、塩化水素と名前が似ているけれども、違う気体です。
**塩素は刺激臭のある、黄色（黄緑色）の気体**です。プールのにおいや家庭で使う塩素系漂白剤のにおいは塩素によるもの。
気体なのに目に見える珍しいタイプです。強い殺菌作用があるので、水道水も衛生面の理由から、ごくわずかですが塩素が入っていますよ。

水道法で、蛇口での残留塩素濃度を0.1mg/L以上にすることが定められているのです。

## 窒素、一酸化炭素、ヘリウムの性質

窒素は空気中の約８割を占める、というのが一番大きな特徴です。高温で酸素と結びついて**窒素酸化物**と呼ばれるものに変わり、**酸性雨の原因**になったりします。

一酸化炭素は、炭素が不完全燃焼すると発生する気体です。酸素不足で二酸化炭素になれなかった、できそこないのようなイメージです。

この一酸化炭素、じつはとても危険な気体なのです。

人間は赤血球のヘモグロビンで酸素を運んでいます。ところが、一酸化炭素はヘモグロビンと強力に結合する性質があるので、これを吸い込んでしまうと酸素より先にヘモグロビンと結合し、酸素の運搬ができなくなってしまいます。その結合力は、なんと酸素の約200倍！　一瞬で酸欠状態になり、死んでしまうこともあります…。

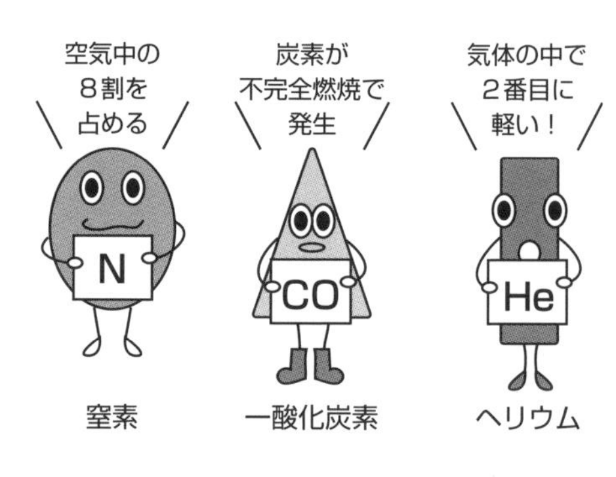


窒素、一酸化炭素、ヘリウムの性質

ヘリウムは空気よりも非常に軽い気体（気体の中で２番目に軽い）で、遊園地などで売っている**風船の中や、飛行船に使われています**。

水素と違ってヘリウムは燃える気体ではないからです。

じつは、太陽の内部では水素からヘリウムが合成されています。化学式にすると$4H \rightarrow He$という単純なものですが、これには核融合反応という名前がついています。
莫大なエネルギーが発生し、そのあとに炭素・酸素・ネオン・マグネシウム・ケイ素・鉄などの元素がつくられます。すべての元素は、水素をもとにしてできたということです！

## 化学の計算問題は“牛丼”で考えるのが基本

さて、最後に軽く計算問題の練習をしましょう。

**問題**

立木食堂の名物は牛丼です。冷凍牛丼の素2パックと、レトルトご飯1個をレンジでチンしてお客さんに提供します。
「開店以来変わらない味の秘密は、チンする秒数。その日の気温など気にせず、毎日同じ秒数チンします」
たとえば、今お店に牛丼の素が9パックとレトルトご飯が5個あったとします。さて、この時牛丼は何杯出せるでしょうか？

長い問題文の中から、大切なところを的確に見つけ出していきます。今回大切なのは、「　」のところではなく、それ以外の部分ですね。

まず、素材とできあがるものを横に並べて書きます。
そして、**基準となる数字（過不足なくつくれる数字）を探す**。それを下に並べて書き、四角で囲みます。
その状態が下の図です。この状態がすべての基本です。**化学の計算は、この四角で囲む数字を探すゲーム**のようなものなのです。

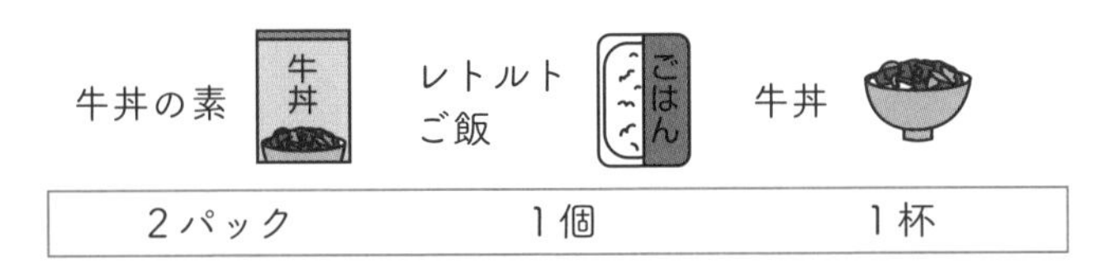


これができたら、初めて問題に取り組みますよ。
今回は牛丼の素が9パックとレトルトご飯が5個あるので、それを四角の下に書き込みます。

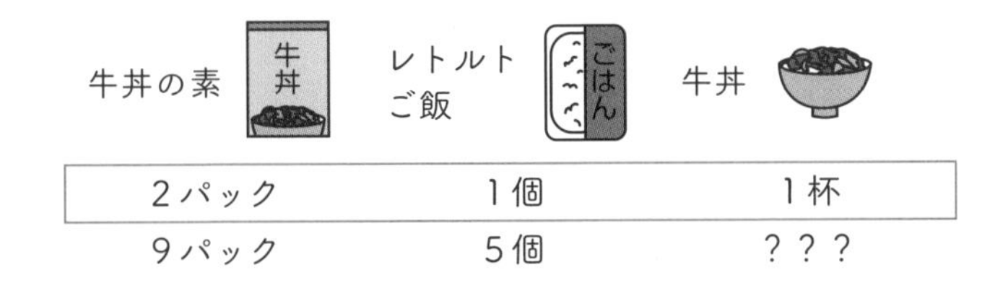


そして「？？？」に入る数字を考えるのです。
正解は4杯です。

基準となる数字は、牛丼の素2、レトルトご飯1です。それぞれ4倍した牛丼の素8とレトルトご飯4を使って4杯が正解！
「ご飯は5個あるから5杯出しちゃえ」とするのは反則です。最後の5杯目を注文した人のお肉が足らなくなりますからね。



では次の問題です。

## 牛丼の計算を化学にあてはめる(1)

**問題**

**ある濃さの塩酸35㎤と、炭酸カルシウム5gを反応させると、二酸化炭素が1.2L発生するとします。この時（1）～（3）で発生する二酸化炭素は何Lでしょうか？**

**（1）同じ濃さの塩酸70㎤、炭酸カルシウム10g**
**（2）同じ濃さの塩酸35㎤、炭酸カルシウム10g**
**（3）同じ濃さの塩酸70㎤、炭酸カルシウム15g**

**解法**

まず、素材と発生するものを横に並べて書き、基準となる数字を探して四角で囲みます。その下に問題で問われている数字を書いていきます。

| | 塩酸 | 炭酸カルシウム | 二酸化炭素 |
|---|---|---|---|
| | 35 | 5 | 1.2 |
| （1） | 70 | 10 | ？？？ |
| （2） | 35 | 10 | ？？？ |
| （3） | 70 | 15 | ？？？ |

（1）塩酸も炭酸カルシウムももとの2倍あるので、二酸化炭素も2倍発生します。よって**2.4L**。
（2）炭酸カルシウムはもとの2倍になっているけれど、塩酸の量はもとと変わらないので、二酸化炭素ももとの量以上できません。よって**1.2L**。
（3）炭酸カルシウムはもとの3倍になっているけれど、塩酸の量はもとの2倍しかないので、二酸化炭素はもとの2倍しかできません。よって**2.4L**。お肉は2杯分しかないので、ご飯が3杯分あっても2杯しか出せないのです。

酸素の問題に行く前に、立木食堂のその後の話を少し聞いてください。

立木食堂の店主は、冷凍牛丼の素とレトルトご飯を分けてチンするのが面倒になってきました。そんなある日、コンビニで売っている牛丼を買ってきて、チンして出せば1回で済むことに気がつきました。しかも、レンジを2個3個と増やせば、素早くお客さんに提供できます。

その後の立木食堂がどうなったかについてもお話ししたいところですが、長くなるので酸素の問題にいきましょう。

## 牛丼の計算を化学にあてはめる(2)

**問題**

**ある濃さの過酸化水素水 50㎤と、二酸化マンガン 0.2 g を反応させると酸素が 1.0 L 発生しました。この時(1)～(3)で発生する酸素は何 L でしょうか?**

**(1)同じ濃さの過酸化水素水 100㎤、二酸化マンガン 0.2 g**
**(2)同じ濃さの過酸化水素水 150㎤、二酸化マンガン 0.4 g**
**(3)同じ濃さの過酸化水素水 50㎤、二酸化マンガン 0.4 g**

**解法**

同じように、素材とできるものを横に並べて書き、ベースとなる数字を探して四角で囲みます。その下に問題で問われている数字を書いていきます。

| | 過酸化水素水 | 二酸化マンガン | 酸素 |
|---|---|---|---|
| | 50 | 0.2 | 1.0 |
| (1) | 100 | 0.2 | ??? |
| (2) | 150 | 0.4 | ??? |
| (3) | 50 | 0.4 | ??? |

酸素の場合は、二酸化マンガンが触媒であることに注目です。酸素がどれくらい発生するかは、過酸化水素水の量だけで決まるからですね。

(1)過酸化水素水が2倍の 100㎤になったので、**2.0 L**。

(2)過酸化水素水が3倍の 150㎤になったので、**3.0 L**。

（3）過酸化水素水が50㎤なので、**1.0 L**。

ただ、（3）の場合、できる酸素の量は変わりませんが、発生スピードは早くなります。二酸化マンガンの量が多くなったので、酸素が発生するのが早くなるということですね。

そう、ちょうど過酸化水素水がコンビニの牛丼、二酸化マンガンが電子レンジみたいなイメージです。

どうでしたか？　最初のうちは計算が難しいと思いますが、困ったら牛丼の話を思い出しながら少しずつ慣(な)れていきましょう。

# 熱の伝わり方

## ものの温まり方は、「伝導」「対流」「放射」の３種類

ものがどうやって温まっていくかについて学んでいきましょう。

まず、ものの温まり方には**伝導**(でんどう)、**対流**(たいりゅう)、**放射**(ほうしゃ)の３種類あります。順番に説明していきますよ。

ものの温まり方は３種類

一つ目は伝導(でんどう)です。これは**ものの中を熱が伝わる**現象です。主に**固体が温まる時に起こります**。**熱した場所に近いところから順に温まっていきます**。

たとえば、フライパンは金属でできているけれど、持ち手は木やプラスチックが多いですよね。金属は熱が伝わりやすいけれど、木やプラスチックは熱を伝えにくいので、金属以外のものにしてあるのです。

## 熱の伝わりやすさを表す「熱伝導率」

熱の伝わり方の度合いは、ものによって違(ちが)います。このことを、**熱伝導率**(ねつでんどうりつ)と言います。次の表に銀の熱伝導率(ねつでんどうりつ)を100とした時の熱の伝わり方をまとめたものを載せておきますが、覚える必要はありません。

| 物質（良導体） | 熱伝導率 | 物質（不良導体） | 熱伝導率 |
| --- | --- | --- | --- |
| 銀 | 100 | せともの | 0.35 |
| 銅 | 94 | ガラス | 0.13 |
| 金 | 75 | 水 | 0.13 |
| アルミニウム | 55 | 綿の布 | 0.019 |
| 鉄 | 19 | 発泡スチロール | 0.019 |
| なまり | 8 | 空気 | 0.0056 |

伝導率がよいものを良導体、悪いものを不良導体と言いますが、決して伝導率の高いものがよいもので、低いものがよくないものという意味ではありません。これらは活躍する場が違うだけなのです。

たとえば、フライパンは伝導率の高い金属を使うことで、効率的に調理できるようになっています。逆に、伝導率が低いからこそ利用されているものもあります。たとえば、カップ麺の容器です。

発泡スチロールでできていますよね。なぜだかわかりますか？

「手に持つ時に熱くならないように」と思った人、惜しい！

もちろんその理由もありますが、もっと大切な理由は「冷めにくい」ことです。

容器の中身は容器を間にはさんで外気ととなり合っています。容器が熱を伝えやすい（伝導率が高い）ということは、中身と外気で熱の交換をしやすい、つまり外気と同じ温度になりやすいのです。逆に容器が熱を伝えにくい（伝導率が低い）ということは、外気と同じ温度になるのに時間がかかります。

## 覚えておきたい、身近な金属の熱伝導率や膨張率の順位

さて、次ページの図を見てください。

先ほど表の数字を覚える必要はないと言いましたが、「図のような実験を行い、ろうで固定したマッチ棒が一番最初に落ちるのはどの棒ですか？」という問題、つまり「アルミニウム・鉄・銅の伝導率はどれが一番よいですか？」を問う入試問題はよく出ます。

どれも身近にある金属だからです。

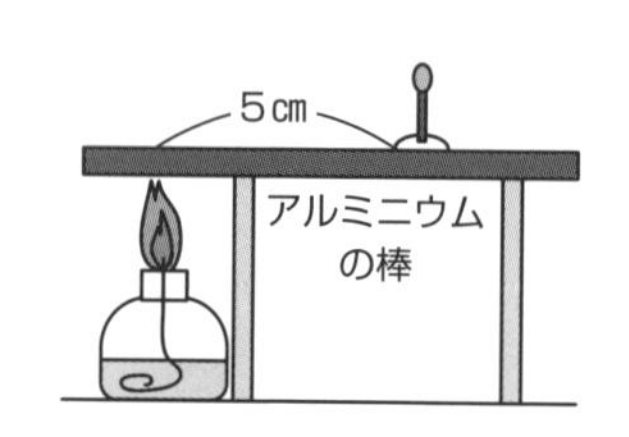

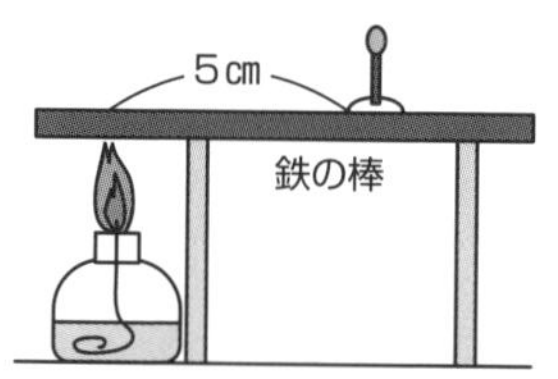

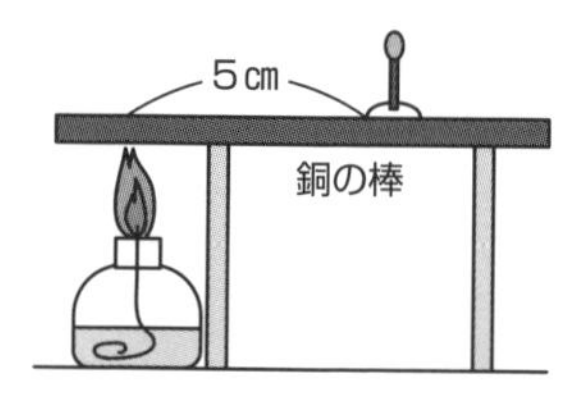




| | 1位 | 2位 | 3位 |
|---|---|---|---|
| 伝導率 | 銅 | アルミニウム | 鉄 |
| 膨張率 | アルミニウム | 銅 | 鉄 |

膨張率についても出題されることが多いので、まとめて表にしておきました。セットで覚えてくださいね。

「鉄は両方3位なのか、やっぱり銅やアルミニウムのほうがすごいんだ」なんて思ってはいけません。さっきも言ったように活躍する場面が違うだけです。

つまり、伝導率も膨張率も低いのは、見方を変えると外部の影響を受けにくい素材ということです。たとえば、建物にはたくさんの鉄が建材として使われます。すぐ膨張しちゃったり、熱が伝導しちゃったりする建物なんて、イヤですよね。

## 熱伝導は、同心円状に伝わっていく

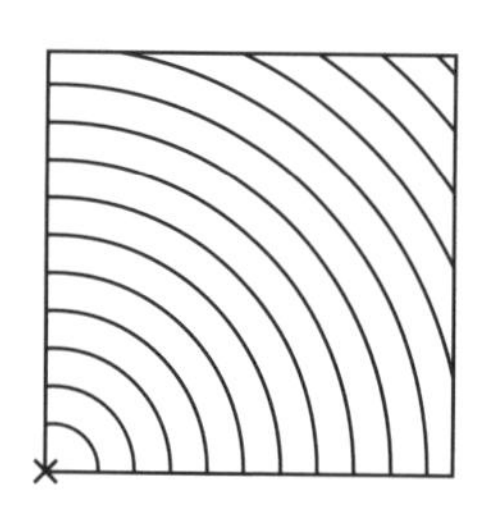

さて、どんなふうに熱が伝わっていくのかを可視化した図を見てみましょう。

平面上では、×印の場所を熱すると、熱は図のように熱したところから**同心円状**に伝わっていきます。

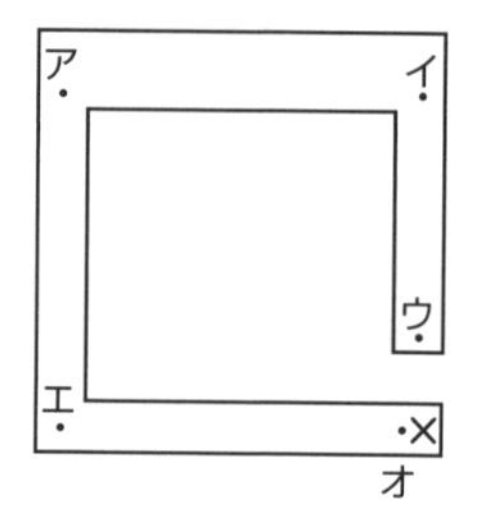


左図のように、オに近い×印の場所を熱するとどのように伝わるでしょう？

熱した場所からだんだん広がっていく様子を、イメージしてください。ウはオに近いけれども、すき間があります。ものの中を熱が伝わるので、オ→エ→ア→イ→ウの順になります。

## 「対流」の身近な例はお風呂

ものの温まり方の二つ目は**対流**です。これは**もの自体が移動する現象のことで、主に気体や液体の温まり方**です。

みんなは、温かいものは軽くなって上に行くということを知っていますか？　身近な例を一つ挙げるとしたら、お風呂です。

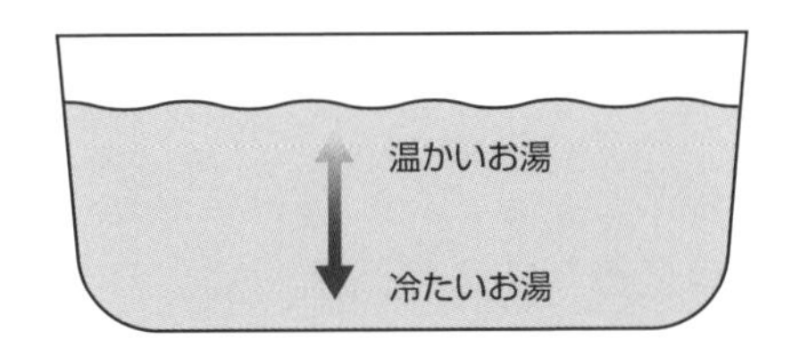


温かいものは軽くなって上に、
冷たいものは重くなって下にいく

先生は時々、お風呂のお湯をためてから映画を見始めて、つい夢中になってしまうことがあります。一度、見終わったあとで湯船の上のほうのお湯を触ったらまだ温かかったので、ザブーンと入ったら下のほうは冷えていて大変な目に…。それ以来、お風呂の底まで温かいかどうかを慎重に確かめてから入るようにしています。

これは、お風呂をためてからしばらくすると、温かいお湯は軽いから上に移動し、冷たい水は重いから下に移動するという現象によって起こった悲劇です…。みんなはお風呂をためたらすぐ入るでしょうし、時間がたったら「追いだき」をするでしょうから、先生だけの事例かもしれませんね…。

## 「重さ」は、「同じ体積で」比べることが前提

そう言えば、地学の学習で、**空気は暖まると膨張して軽くなり、上のほうに行く**という話をしたのを覚えていますか？

一方で、**膨張**と**収縮**の項目では、「**膨張して体積が大きくなっても重さは変わらない**」とも話しましたね。

一見するとおかしく感じる二つの話ですが、矛盾はしていません。

説明する前に一つ質問をしますよ。

鉄と発泡スチロールはどちらが重いですか？

みんな、こう聞かれたら「鉄のほうが重い」と答えますよね。

でも、それは不正解です。なぜなら、豆粒くらいの鉄と東京都庁くらいの発泡スチロールなら、発泡スチロールのほうが重いからです。

え!?　そんな質問はズルいって？

そう思った人は、無意識のうちに**重さは同じ体積で比べる**ものだと知って

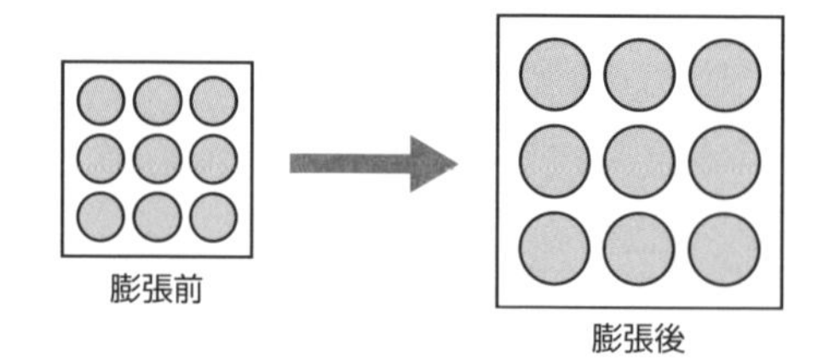


いるからです。

空気の話に戻りましょう。左の図は、9gの空気が膨張したイメージ図です。●一つが1gというイメージですね。

膨張しても9gは9gのままですから、**膨張して体積が大きくなっても重さは変わりません。**

でも、どちらが重いのか軽いのか**「重さを比べる時」は、同じ体積同士で比べなくてはいけません**ね。

左の正方形と同じくらいの大きさの正方形を右の図の中に想像すると、だいたい4gくらいでしょうか。**膨張した空気は軽くなる**のです。

この二つをまとめると、**ものが温まって膨張すると、同じ体積あたりの重さを比べた時に軽くなる**ということ。だから、暖かい空気が上のほうに行きます。逆に、**冷えて収縮すると、同じ体積あたりでは重くなる**ので下のほうに行きます。

このことを使って、対流について学習していきましょう。

## 「液体」の対流をイメージできるようになろう

水の入ったビーカーを準備します。これを図のようにアルコールランプを使って温めました。まず、アルコールランプで熱した部分の水が温められますね。温められた水は、周辺の水と比べると軽くなるので、上のほうへと移動します。

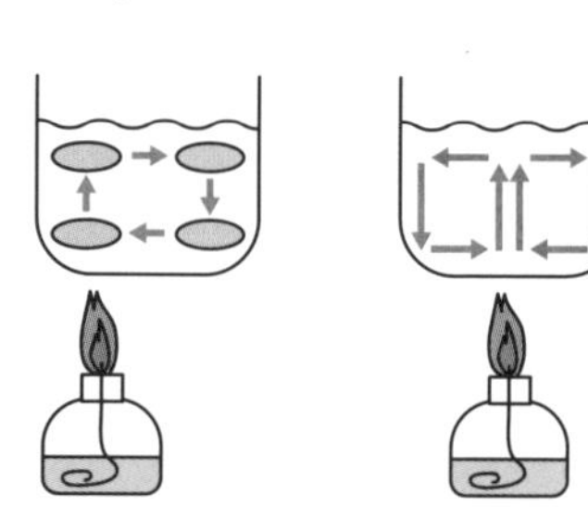

「底の水が移動して何もなくなっちゃいました」とはなりません。

移動したら、その分の水はちゃんと横から補充されますからね。

そして、移動した先ではもともとそこにあった水を押します。

そんなことを繰り返すと、水がぐるぐるぐるぐるまわることになるのがわかりますか？　これが「対流」です。お風呂の追いだき装置が下のほうについているのも、対流で全体を効率よく温めるためなのです。

ただ、水の動きは目では見えにくいので、実験で観察をする時には「おがくず」を入れてその動きを見ます。わざわざ実験せずとも、お蕎麦をゆでる時にぐるぐるまわっているのを見たほうが早いかもしれませんね。

## 「空気」の対流は、夏の砂浜をイメージしよう

今度は空気について話をしていきますよ。次の図は昼の砂浜を再現した実験装置です。

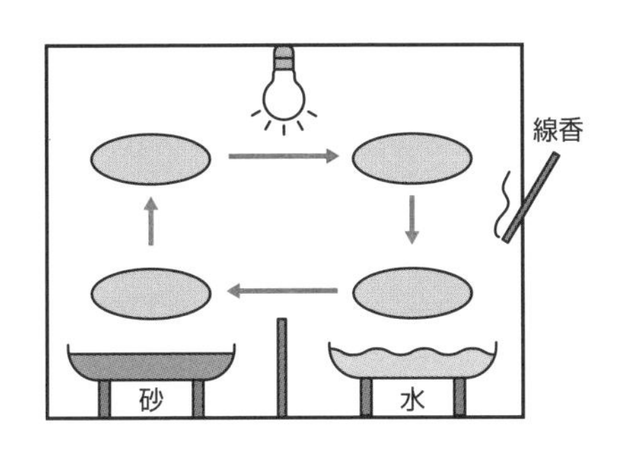


左の砂が砂浜、右の水が海、電球が太陽です。

ところで、夏の晴れた日に砂浜でビーチサンダルを脱いで裸足（はだし）で走ると、とっても熱かった経験はありませんか？　でも、その時に海の中に入ってみたら、そんなに熱くないですよね。つまり、**砂は温まりやすく冷めやすい（温度が水に比べて変化しやすい）**のです。逆に、**水は温まりにくく冷めにくい（温度が砂に比べて変化しにくい）**のです。

温まりやすい砂の上の空気が膨張（ぼうちょう）して軽くなり上に行くのですから、箱の中の空気が矢印のように動くことは想像できますね。もちろん、空気が動いている様子は目で見てもわかりません。だから、線香の煙（けむり）を入れてその動きを観察するんだね。

## 離れたところを直接温める「放射」

ここからは、ものの温まり方の最後の話、**放射（ほうしゃ）**について解説します。

放射（ほうしゃ）は、**離れたところを直接温める現象で、光によってものが温まること**を言います。

身近な例を挙げるとしたら、演劇や遊園地などのショーの演出かな。
ブワッと大きな炎が出て、顔が熱く感じたことはないですか？
キャンプファイヤーなどで、急に炎が強くなった時もそうです。
炎からはずいぶん遠いのに、どうしてあんなに熱く感じるのでしょう？
それは、放射熱（ほうしゃねつ）の正体が光だからです。

光が顔に当たり、その光に含まれている熱を感じているのです。日なたが暑いのに日かげが涼しいのも、太陽の光に含まれる熱を感じるかどうかの差です。

光なので、**透明なものは通過**します。そのため、**空気やガラスなどは放射熱では温まらない**のです。

## 放射熱は直進するため、障害物があると熱が伝わらない

先生が子どもの頃に電気ストーブにあたっていた時、誰かがその前を通ると、その瞬間だけ急に暖かさを感じなくなって不思議に思っていたことを覚えています。

これは、先生の前を通った人が光を遮ってしまったからです。

でも、電気ストーブを見ても光っているとはあまり感じません。それは、電気ストーブの出す光の多くが人間の目には見えないからです。

放射熱は障害物があると伝わらない

光には、人間の目に見える光と見えない光があります。目に見えない**赤外線**という光が放射熱の正体です。

光ですから、**放射熱は直進します**。間に障害物があったりすると、熱は伝わってこないのです。

## 放射熱の正体は「光」のため、反射・吸収が起きる

ところで、電気ストーブは熱源の後ろが銀色の鏡のようになっています。これは、光を**反射しやすい**からです。後ろに行った放射熱が反射して前に戻ってくるので、効率的に温めることができるのです。

その他にも、夏場には白い服を着て、冬は黒い服を着るのも放射熱に関係しています。放射熱は光ですから色の薄いものには反射され、濃いものに吸収されます。

つまり、**白っぽいものは放射熱を吸収しにくく、黒いものは放射熱を吸収しやすい**のです。だから夏は白い服を着て涼しく過ごし、逆に冬は黒い服を着て暖かく過ごす人が多いんですね。

## カロリーは熱の単位の一つ

最後に**カロリー**について勉強をしましょう。カロリーというのは熱の単位の一つです。**1gの水の温度を1℃上昇させる熱量が1カロリー**です。**cal**と書いて、カロリーと読みます。

たとえば、1gの水を20℃上昇させるのには20calのエネルギーが必要になります。

だから、0℃の水100gを20℃にするためには、「20 × 100 = 2000cal必要だ」というように計算していくのです。

熱は、あくまで物質間を移動するだけで、どこかに行ってしまうわけではありません。つまり、2000calのエネルギーが移動してきたと考えることもできます。

水が持つエネルギーを考える場合は、0℃の水を基準とするので20℃の水は、今2000calを持っているということです。

50℃の水100gなら、5000calのエネルギーを持っています。

## 違う温度の水を混ぜた時、何℃の水になる？

では、ちょっと問題を出しましょう。

「20℃の水200gと50℃の水100gを混ぜ合わせました。さて何℃の水が何gできますか？」

まず、それぞれが持っているエネルギーを計算しますよ。

- 20℃の水200gは、20 × 200 = 4000cal
- 50℃の水100gは、50 × 100 = 5000cal

合計9000calの熱エネルギーを持っています。

これを均等に分け合いましょう。周りにあるものは同じ温度になろうとするからです。水の重さの合計は、200 + 100 = 300g。

ですから、9000 ÷ 300 = 30℃の水となります。

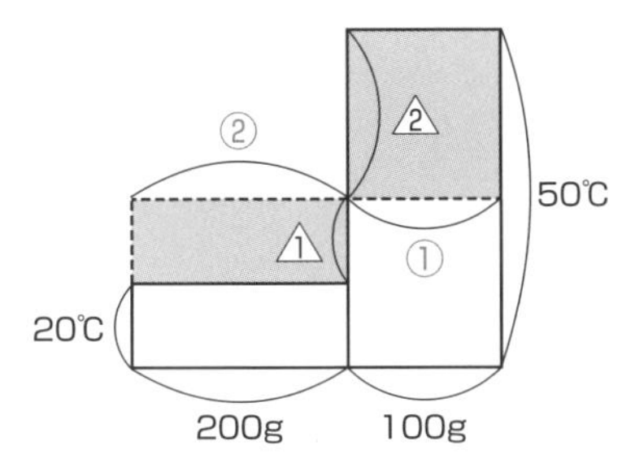


算数のように解くこともできますよ。面積図を使ってみましょう。

色のついた部分の面積は同じで、横の長さの比は2：1です(図の○部分)。ということは高さの比は1：2にならないといけません（図の△部分)。

△1と△2の合計は、50 − 20 = 30℃ですから、△1は 10℃になります。ですから、正解は 20 + 10 = 30℃です。



## 難関中学の過去問トライ！（雙葉中学）

3　目に見えない熱というものは、移動することによって、ものの体積や状態に変化をおよぼします。熱は温度の高い方から低い方へと移っていき、材質によって熱の伝わりやすさはちがいます。金属はガラスやゴムなどに比べてはるかに熱が伝わりやすいのです。また金属でも種類によって熱の伝わりやすさは異なり、銅はアルミニウムの約1.7倍、鉄の約4.4倍です。

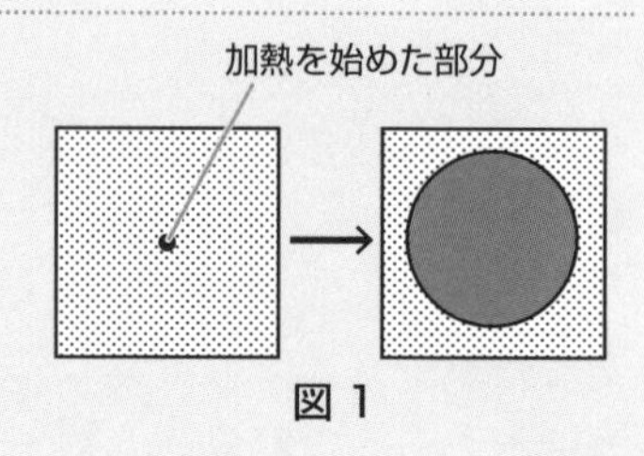

図１

学校で熱の伝わりやすさを勉強したふたばさんは、銅板の中心を下からガスバーナーで熱し続けると、熱した部分を中心にだんだん黒ずむ（図1）ことを観察し、さらに興味を持ちました。そこで、金属の種類や形を変えて、実験をしました。

問１　図２のような形のうすい銅板をXの場所から熱しました。そのときの熱の伝わり方を表している図を、下のア～ウから１つ選び記号で答えなさい。

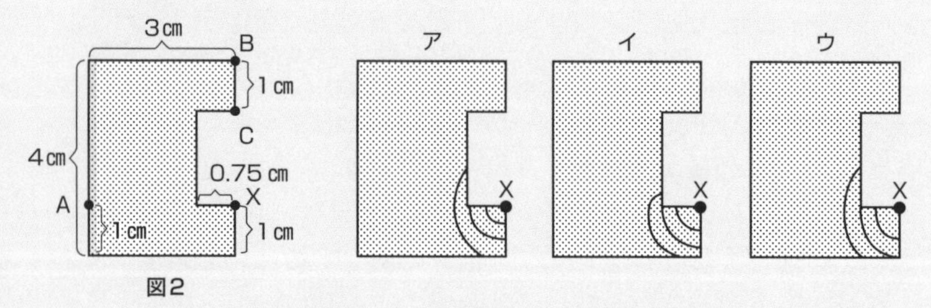

図2

問４　ものの中を熱が伝わっていく現象は生活のいろいろなところで見られます。下の①～⑤の熱に関係する文として、まちがっているものを１つ選び番号で答えなさい。

①氷を冷凍庫（れいとうこ）から出してもとけないようにするには、発泡（はっぽう）スチロールの容器に入れるとよい。

②ホットコーヒーはアルミ缶（かん）ではなくスチール缶（かん）に入っている。

③冷凍庫（れいとうこ）から出したばかりのアイスクリームがかたくてすくえないときは、アルミニウム製ではなく、ステンレス製（鉄

が混ざっている金属）のスプーンを使うとよい。

④フライパンの取っ手は、プラスチックで加工されている。

⑤公園で寒い日に鉄棒につかまると手がとても冷たく感じるが、木にさわってもあまり冷たく感じない。

次にふたばさんは、液体の熱の伝わり方についても興味を持ち、お風呂（ふろ）の追いだきについて調べてみました。追いだきにはいくつかの方法があり、ふたばさんの家では、冷めてしまったお湯に熱いお湯（80℃）を追いだき口から加えることで、浴槽（よくそう）のお湯を温めていることがわかりました。

問５　図３のような浴槽（よくそう）に、追いだき口を取り付けるとき、最も適切な場所をア～エ から１つ選び記号で答えなさい。また、全体を温められる理由を示している下の文章の（　）の言葉が正しければ○を、まちがっている場合は正しい言葉を書きなさい。

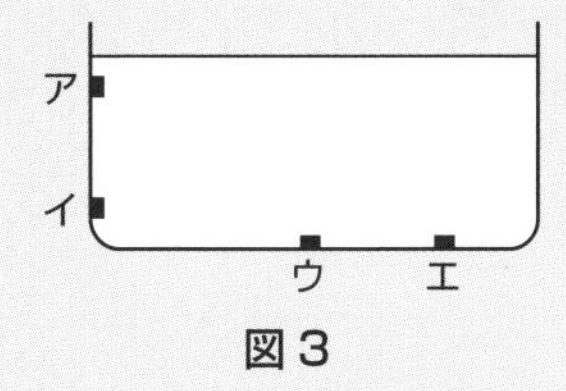

図３

液体は、流れを起こしながら熱が伝わっていく。この流れは、熱が伝わるとものの体積が変わることによって起こる。ものが温められると、体積が（1. 大きく）なり、重さは（2. 大きくなる）ので、温度の高い液体が（3. 下降）するような流れが起こる。

追いだきについて調べたふたばさんは、冷めてしまったお湯に温かいお湯を加えることで、どのくらい水温を上げることができるのかを試してみました。いろいろな温度の水やお湯を混ぜて、再び温度を測ったところ、例えば20℃の水50gと50℃のお湯100gを混ぜたときの水温は40℃になることが分かりました。

問６　40℃のお湯200Lが浴槽（よくそう）にあります。これを42℃にするためには何秒間追いだきをする必要がありますか。ただし、追いだき口からは毎分5Lのお湯（80℃）が浴槽（よくそう）に加えられるとします。また、熱が他のことに使われることはなく、追いだきの途中（とちゅう）でお湯は冷めないものとします。答えは小数第一位を四捨五入して答えなさい。

## 解説

問１　金属板が途切れているところは熱が伝わらないので、**イ**が正解です。

問４　アイスクリームに指の熱を伝えやすいのは伝導率の高いアルミニウムなので、正解は**③**ですね。今回はリード文を読んでも伝導率の違いがわかりますが、銅・アルミニウム・鉄はよく出る身近な金属なので伝導率の順番を覚えておくといいですよ。もちろん膨張率もセットで覚えましょう。

問５　まず、お風呂の追いだきの場所は**イ**が正解です。ウやエでも対流はきちんと機能するけれど火傷しちゃいますからね。

文章の（1）は**○**。（2）は体積が増えても重さは**変わらない**ので書き換えが必要です。（3）も**上昇**に書き換えましょう。

問６　問題ではお湯を循環させるのではなく、加えていっている点に注意しましょう。面積図を書くと右のようになります。

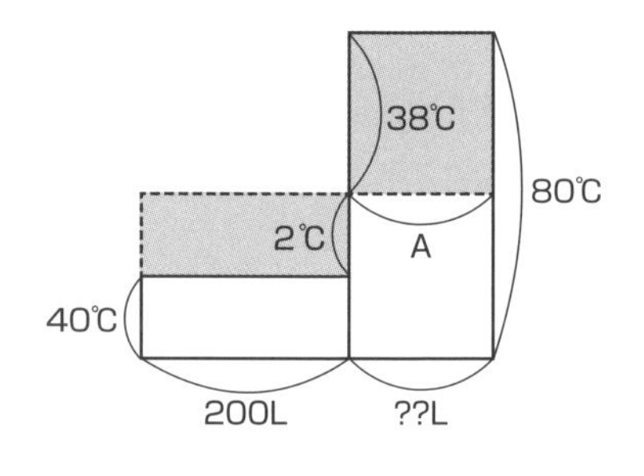


色をつけたところが等しいので、200 × 2 ＝ 38 × A となり、A の数字は 10.5263…となります。１分で加えられるお湯の量は５ L なので 10.5263… L のお湯を加えるのに必要な時間は 10.5263…÷ 5 × 60 ＝ 126.3…となるので、答えは **126** 秒です。

# ものの燃え方

## ものが燃えるってどういうこと？

今回は、ものが燃えるという話をしていきます。

つい先日、先生の自転車が燃えました。

こう言われたら、どんなことを想像しますか？

え !?　火がボオオオ〜ッと出て、熱くなったのを想像した？

理科で「ものが燃える」と言えば、「もの」に「あるもの」がくっつくことを言います。その「あるもの」とは、**酸素**です。

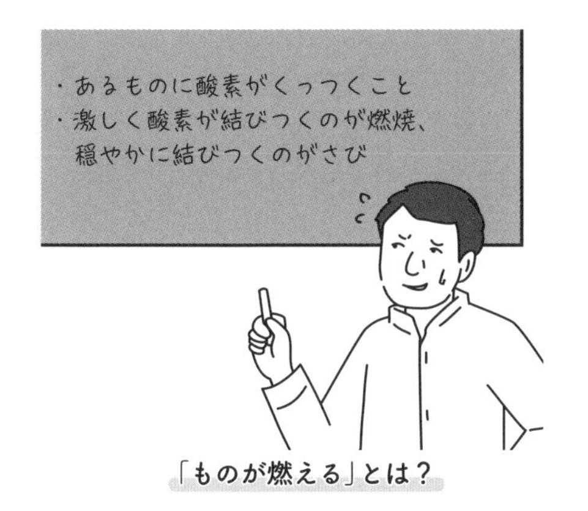

「ものが燃える」とは？

酸素のくっつき方は大きく分けて二つ。一つ目が**燃焼**、二つ目が**さび**です。

もうわかっちゃいましたよね。先生の自転車が燃えたというのは、少しさびていたということです。

二つの大きな違(ちが)いは、結びつく時の度合いです。

**燃焼は激しく酸素と結びつきますが、さびは穏やかに酸素と結びつきます**。どちらも**酸素と結びつく時に熱や光を出す**のですが、さびの場合は穏やかなので私たちの目ではわかりません。

人間の体の中でも、栄養を酸素と結びつけることによって熱を発生させていますね。

そして、聞いてください。先生は今燃えています。みんなに理科を教えるという教育熱で！

この話のオチはわかりますか？　ただ単に、呼吸しているということです。冗談はさておき、燃焼とさびについて学習していきますよ。

まずは燃焼です。

## 燃焼の３条件

燃焼するためには、三つの条件があります。

- **燃えるものがある**
- **酸素がある**
- **発火点以上の温度がある**

この三つは必ず覚えてくださいね。

木を燃やすことを考えてみましょう。

まず、**燃えるもの**は木です。そして、周りの空気には**酸素**があります。すでに三つのうち二つはありますね。問題は**発火点以上の温度**です。

ものは一定以上の温度にならないと燃えません。そして、発火点温度はものによって違(ちが)います。発火点温度が低いものは燃えやすい、高いものは燃えにくいということです。

ちなみに切りたての木は、水分を多く含んでいるのでなかなか燃えません。だから薪は乾燥させてから使うのです。

## 火を消すには、「燃焼の三つの条件」の一つをなくせばいい



燃焼には三つの条件が必要なので、逆に三つのうち一つをなくしてしまえば火は消えます。消火方法の多くは、酸素をなくすか発火点以上の温度をなくすことで、火を消しているのです。

たき火を消す時に砂をかけるのは、周りを砂で覆って酸素と触れ合わないようにするためです。消火器の粉や泡で周りの酸素をなくして消すのも、同じ原理ですね。

消防車で大量の水をかけるのは、まずは水で温度を下げて、さらに水が水蒸気に変わる際に気化熱を奪って火を消すというしくみです。

ただし、油が燃えている時には水をかけてはいけません！　熱くなった水や油が飛び散って、ますます危険になってしまうからです。

**「酸素をなくして火を消す方法」**

- たき火に砂をかける
- 消火器をかける

**「発火点以上の温度をなくして火を消す方法」**

- 火事の時に消防車で水をかける
- 火のついた天ぷら油に冷たい野菜を入れる

「**燃えるものをなくして火を消す方法**」は日常ではあまり見かけません。もの自体をなくすのはマジシャンでも大変ですからね。先生もパッと思いつくのは二つです。

一つは、山火事の時に火事の先にある木を伐採すること。大規模な山火事では、水などで行う消火では間に合いません。火が燃え移らないように、燃えている先の木を伐採するのです。

今燃えているものではなく、次に燃えるものをなくすという原理ですね。江戸時代は木造建築の町が広がっていたので、建物を壊して延焼を防いでいましたが、これも同じ理屈です。

もう一つは、「**ろうそくの火を吹き消す**」ことです。

意外な感じがしますよね。

れっきとした「**燃えるものをなくして火を消す方法**」なのですが、これを理解するためにはろうそくについて少し説明が必要です。

ここからは、ろうそくについて話していきますよ。

## ろうとアルコールの成分

まずは、ろうそくの「ろう」について学習します。

ろうの主成分は、炭素と水素です。ちなみにアルコールランプに入れるアルコールの主成分も、炭素と水素です。

炭素と水素の燃え方の違いについて、表にまとめました。

| | 燃えると… | 燃えた時の特徴 |
|---|---|---|
| 炭素 | 二酸化炭素ができる | 明るいが温度は低い |
| 水素 | 水ができる | 温度は高いが暗い |

ろうとアルコールは炭素と水素の配合割合が違うので、活躍する場面も違ってきます。

ろうは炭素の割合が多いので、燃やすと明るく光りますが、温度はあまり高くありません。ですから、ろうそくは部屋の明かりとして使うのには向いていますが、何かを熱する時に使うのには向いていません。

一方で、アルコールは水素の割合が多いので、燃やしてもあまり明るくはなりませんが、温度は高くなります。そのため、何かを熱する時にはアルコールランプが使われるのです。

## ろうそくの燃え方

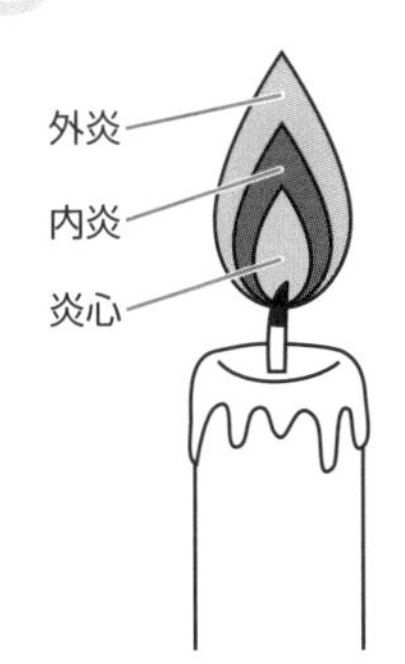


ろうそくの炎は三つの部分に分けて考えます。左の図はろうそくが燃えている様子を表したものです。実際はそんなにくっきり三つに分かれて見えるわけではないので、あくまでもイメージですよ。

この三つの部分について、次ページの表にまとめました。この表の内容は直接問われるだけでなく、よく実験にからめて出題されます。

| 外炎 | **もっとも温度が高い** | 空気としっかり触れ合っているので、**酸素と結びつきやすく、温度が高い**。 |
|---|---|---|
| 内炎 | **もっとも明るい** | 二酸化炭素に変わる前の**炭素の粒(すす)が熱せられて光っていため一番明るくなる**。<br>酸素が十分にないので**不完全燃焼**となり、温度はあまり高くならない。<br>炭素の粒があるため、**ろうそくに光を当てると影が見える**。 |
| 炎心 | **もっとも暗く、もっとも温度が低い** | ろうが液体から気体になるところ。<br>一番暗く、一番温度が低い。 |

## よく出題されるろうそくの実験(1)

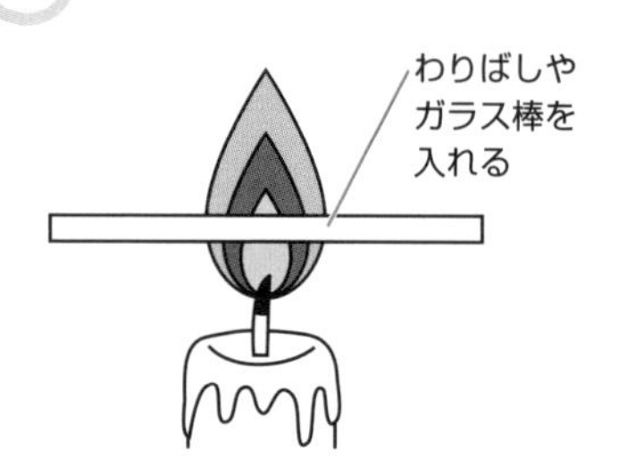


たとえば、図のようにわりばしやガラス棒を入れてみます。

そのあと棒を取り出すと、下のように黒くなる部分に違(ちが)いが見られます。

②ガラス棒を入れた場合

①わりばしは、**外炎の部分が黒くなります**。これは、温度が高い**外炎の部分の木がこげたから**です。わりばしは木なので、こげてしまったのです。

②ガラス棒は、**内炎の部分が黒くなります**。これは、内炎の**すすがついたからです**。ガラスは燃えにくいのでこげません。

また、**炎心の部分に白いものがつく**こともあります。これは、ろうの気体が冷えて固体に戻ったものです。

## よく出題されるろうそくの実験(2)

別の実験も紹介しましょう。次の図のように、炎心に、ガラス管を入れてみると、**炎心から白い煙(けむり)**が出てきました。

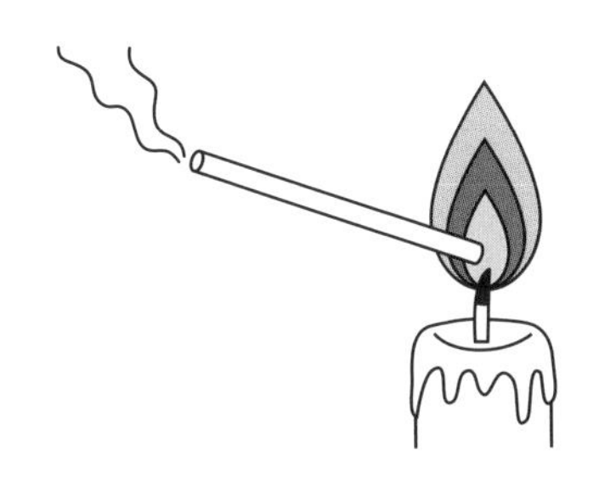

この煙の正体はもちろん「ろう」ですが、気体ではありません。気体は目に見えませんからね。

この煙は、**気体になっていたろうが冷やされて、液体や固体に戻ったもの**。ですから、ガラス管の先に**火を近づけるとまたそこで燃える**ようになっています。

内炎にガラス管を入れると、黒い煙が出てきます。この正体は炭素の粒です。

## ろうそくは、気体になったろうが燃えている

ろうそくがどのように燃えているのかを分析してみましょう。

まず、マッチを近づけると固体のろうが温められて溶け、液体のろうになり、ろうそくのしんへ染み込みます。

その液体のろうがさらに温められてしんの先で気体になり、その気体が燃えて炎になっているのです。

そして、一度炎がついてしまえば、あとはその炎が最初のマッチと同じ役割をして（発火点以上の温度を保って）ろうを溶かし、液体のろうがしんへ染み込み気体になって燃える。これを繰り返しているんですね。

これで、やっと**「ろうそくの火を吹き消す」という行為は、燃えるものをなくして火を消す方法**なんだと理解できましたね。

ろうは気体になって燃えています。息を吹くと、しんの周りにあったろうの気体が吹き飛んでしまうでしょう。つまり、「**燃えるものがなくなった**」ので、ろうそくの火が消えるのです。

## 「炎」が出ない燃焼もある

さて、ここで大切なことを一つ話しておきましょう。

最初に、「**燃焼は激しく酸素と結びつく**ことで、**酸素と結びつく時に熱や光を出す**」と言ったのは覚えていますか？

でもよく見ると、上の文には「炎」や「火」という言葉はどこにもありません。なぜなら、炎を出さない燃焼もあるからです。

炎とはいったい何なのでしょうか？
その正体は、気体が燃焼する時に出す光です。
気体は目に見えませんが、気体が酸素と結びついて燃焼する時に出る光は目に見えます。それが炎なのです。



炎は「気体」が燃えた時に出るものなので、液体や固体が燃えても炎は出ません。たとえば、炭（すみ）。焼肉や七輪で使いますよね。
炭（すみ）は、熱すると**炎を出さずに赤くなって燃えます**。
固体で燃焼するので炎は出しませんが、光を出すので赤く見えますし、熱も出すのでお肉が焼けるんですね。
炭（すみ）は木を乾留（かんりゅう）することでつくることができます。

## わりばしの乾留（蒸し焼き）

**乾留（かんりゅう）（蒸し焼き）**とは、「**新しい空気（酸素）が入らないようにして熱すること**」です。

細いガラス管をつけた試験管の中にわりばしを入れて熱すると、試験管の中には新しい空気がほとんど入ってこないので、わりばしは酸素と結びつくことができず燃焼しません。でも、試験管の中は非常に熱くなります。

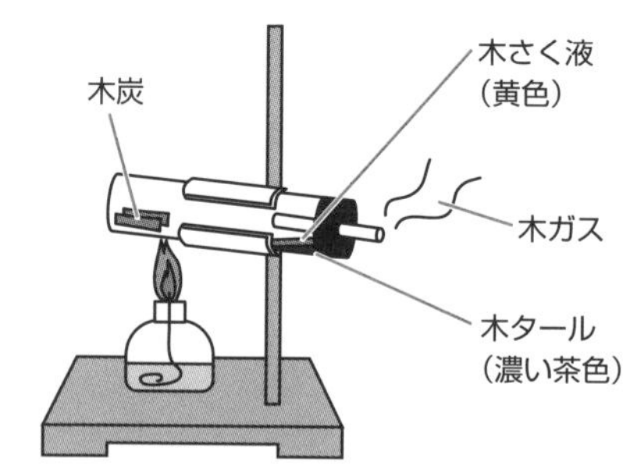


サウナに入ると汗だくになるように、わりばしからもいろいろなものが出てきます。木を構成する様々な物質ごとに融点（ゆうてん）や沸点（ふってん）が違（ちが）うので、液体になる温度、気体になる温度が低いものから順に分離されます。最後に残ったものが炭（すみ）（木炭（もくたん））です。木炭（もくたん）には融点（ゆうてん）や沸点（ふってん）の低い物質が残っていないので、熱しても気体にはなりません。だから、**炎を出さずに赤くなって燃える**のです。

## わりばしの乾留で分離される「四つのもの」を覚えよう

テストでは、分離してできた四つの「もの」の名前と色が聞かれます。
これは暗記しましょうね。

- **木炭（もくたん）**（**黒い固体**）

- **木タール**（**濃い茶色のドロドロした液体**）
- **木さく液**（**黄色い液体。液体は弱い酸性を示す**）
- **木ガス**（水素、一酸化炭素、メタンなどを含む**可燃性の白いガス**）

木ガスが白く見えるのは湯気と同じで、水蒸気成分が冷やされて液体に戻るからです。

また、「なぜ試験管の口を下げるのか？」ということも、よく試験で出題されます。もし出たら、「**できた液体が逆流して加熱部分に流れ込み、急に冷やされた試験管が割れることを防ぐため**」と答えましょう。

試験管は熱せられて熱くなっています。そこに発生した液体が流れ込んでくると、急に試験管が冷やされて割れてしまうことがあるのです。「できた液体は熱いはずなのに、冷えるのはおかしい！」と思いますか？

確かに触ったら熱いけれど、熱せられた試験管の温度に比べたら低いですよね。自分の基準で考えてはダメなのです。たとえば、1000℃から100℃になれば900℃も冷えたことになります。

ちなみに、この試験管のしくみ（乾留）をもっと大規模に行うのが炭竈です。炭は専用の竈でつくられるんですね。

## 金属を燃やす

このあたりで知識の整理をかねて、金属を燃やすとどうなるかについて話をしましょう。燃えたあとの色も問われるので、下の表にまとめました。

| 金属 | マグネシウム | 銅 | 鉄（スチールウール） |
|---|---|---|---|
| 燃えたあと | 白（**酸化マグネシウム**） | 黒（**酸化銅**） | 黒（**酸化鉄**） |

金属は燃えるとだいたい黒くなりますが、マグネシウムは白くなるので、覚えておきましょう。

「燃える」とは「酸素と結びつくこと」でしたよね。金属と**酸素が結びつくので、その分重くなります**。

結びついてできたものは別の物質になります。たとえば、鉄を燃やしたあとには酸化鉄ができますが、これは水に濡れても赤さびはできません。

さて、ここで考えてほしいことが三つあります。

①鉄が燃えたら、炎は出るでしょうか？
　また、二酸化炭素は発生するでしょうか？
②炭が燃えたら、炎は出るでしょうか？
　また、二酸化炭素は発生するでしょうか？
③水素が燃えたら、炎は出るでしょうか？
　また、二酸化炭素は発生するでしょうか？

この三つが答えられるようならば、知識の整理は完璧にできていますよ。

でも、①〜③の答えを全部暗記するのは得策ではありません。そういう勉強の仕方では、理科が苦手になってしまうでしょう。

この問題を答えるために、思い出してほしいポイントは二つです。

- **炎は気体が燃えた時にできる**
- **二酸化炭素は炭素が燃えた時にできる**

①普通、鉄が気体になるはずがないので、炎は出ません。鉄には炭素が含まれていないので、二酸化炭素も発生しません。

②炭は固体で燃えるので、炎は出ません。炭は炭素のかたまりなので二酸化炭素は発生します。

③水素は気体なので、燃えると炎が見えます。水素には炭素が含まれていないので、二酸化炭素は発生しません。

できたでしょうか？

## 酸素の中でものを燃やす

空気中には２割程度しか酸素が含まれていません。

では、酸素 100％のビンにものを入れて燃やすとどうなるでしょうか？

普段は８割ある窒素に奪われていた熱が、燃焼に集中して使われるために燃焼温度が高くなります。

その結果、線香は**炎を出して燃え**、スチールウールは**パチパチと火花を出**

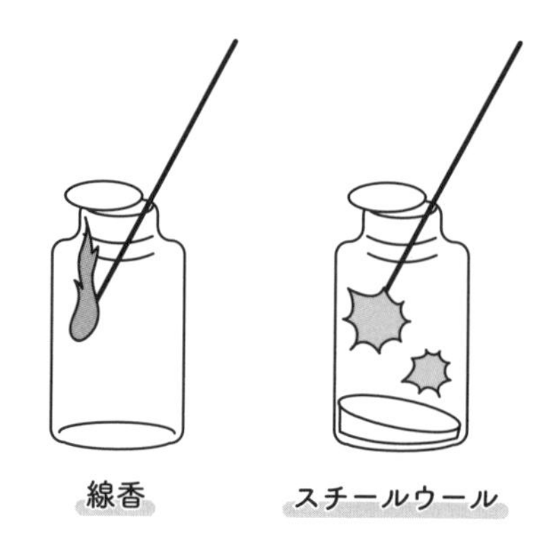

して激しく燃えます。

金属は、燃える時に明るい光を出します。たとえばマグネシウムは白い光、銅は青緑の光を出します。金属の出す光の色の違いを利用してつくられるのが花火です。

## 金属のさび

一円玉と十円玉はつくられた時はピカピカですが、使っていると一円玉は白っぽく、十円玉は赤っぽくなって光沢がなくなります。

これはどちらも「さび」によるものです。

さびのでき方には3種類あります。

一つ目は熱によって酸素と結びつくさびです。さっき紹介した金属の燃焼でできるさびのことですね。

二つ目は水によって酸素と結びつくさびです。自転車のさびですね。

三つ目は空気中で自然に酸素と結びつくさびです。硬貨のさびがこれにあたります。

奈良の大仏

鎌倉の大仏

でき方によって、色も性質も違います。写真は奈良の大仏と鎌倉の大仏です。モノクロだからわからないと思いますが、奈良の大仏は赤っぽい色をしているのに対し、鎌倉の大仏は緑色をしています。でも、どちらの大仏も主な材料は銅です。

できた当時の大仏様は、新しい十円玉の色みたいにピカピカでした。月日がたち、どちらの大仏もさびて現在のような色になったのです。

では、なぜこのような色の違いができたのかを考えてみましょう。

奈良の大仏と鎌倉の大仏が設置されている場所を考えてみればわかります。奈良の大仏は室内、鎌倉は雨ざらし…。そう、さびのでき方が違うのです。だから色が違うんですね。

ちなみに、鎌倉の大仏の緑がかった特徴的なさびは**緑青**と呼ばれ、水によって酸素と結びついてできたさびです。

同じようなものに、お城の屋根があります。お城の屋根にも銅が使われているので、できた当初はピカピカ光り輝いていましたが、今では緑青に覆われて緑色なのですね。

鉄を熱してできるさびは黒くなります。その鉄の**黒さび**は表面だけを覆います。一方で、鉄の**赤さび**は水によって結びつくことでできますが、これは内部まで進行していきます。先生の自転車にできたさびは、赤さびということですね。だから、鉄が水に濡れたら、きちんとふかなくてはいけないのです。

ここまでが、化学の最初の章です。

まだまだ続きますが、お疲れさまでした！

第2章

# 水溶液

# 水溶液の分類



## 「水溶液」は、水(溶媒)に何か(溶質)が溶けたもの

今回は**水溶液**(すいようえき)について勉強していきますよ。水溶液(すいようえき)とは、水に何かを溶(と)かしたものです。その“何か”のことを**溶質**(ようしつ)と言います。そして、溶質(ようしつ)を溶(と)かす液体のことを**溶媒**(ようばい)と呼びます。水に溶(と)かすのだから、水溶液(すいようえき)の溶媒(ようばい)は水ですね。

## 「水に溶ける」とはどういうことか、知っておこう

「水に溶(と)ける」ということは、どういうことなのでしょうか?

何かが「水に溶(と)けた」と言うためには、三つの条件を満たす必要があります。これは無理に覚えなくてもいいのですが、これから先の学習をする時に少し必要になるので、下の説明だけは読んでおいてください。

- **透明であること**
- **液のどの部分でも濃さが均一であること**
- **時間がたっても溶けたものが沈殿しないこと**

一つ目の「**透明であること**」の注意点は、「透明」と「無色」とは違(ちが)うということです。「透明」とは、向こうが透(す)けて見えることなので、色がついていてもかまいません。たとえば、セロファンは色がついているものもあるけれど、向こうが透(す)けて見えるから「透明」なのです。

二つ目の「**液のどの部分でも濃さが均一であること**」と、三つ目の「**時間がたっても溶(と)けたものが沈殿**(ちんでん)**しないこと**」の条件は、ほぼ同じことを言っていると思っていいでしょう。

今は、「『溶(と)ける』と『混ざる』は違(ちが)う」というイメージがざっくりつかめたら十分です。

紅茶に砂糖を入れてしばらく時間がたった状態を考えてください。その紅茶をストローで飲んだ時、上も下も同じ甘さなら、砂糖が紅茶に溶けているということです。当然ですが、下に砂糖が見えているような状態は、溶けていません。でも、下にたまった砂糖を取り除いた残りの部分（上澄み液）は、甘さが均一なら溶けている状態と言えます。

## 水溶液の分類

水溶液にはいろいろな分類方法がありますので、まとめておきますね。

**● 覚えなくてはいけない水溶液のまとめ**

| 名前 | 溶質の名前 | 溶質の状態 | 何性を示すか | 特徴 |
|---|---|---|---|---|
| 塩酸 | 塩化水素 | 気体 | 酸性 | 刺激臭 |
| 水酸化ナトリウム水溶液 | 水酸化ナトリウム | 固体 | アルカリ性 | 二酸化炭素を吸収する |
| 炭酸水 | 二酸化炭素 | 気体 | 酸性 | 泡が見える |
| 食塩水 | 食塩（塩化ナトリウム） | 固体 | 中性 | 中性なのに電気を通す |
| アンモニア水 | アンモニア | 気体 | アルカリ性 | 刺激臭 |
| 石灰水 | 消石灰（水酸化カルシウム） | 固体 | アルカリ性 | 固体なのに温度が低いほうがよく溶ける |
| 砂糖水 | 砂糖 | 固体 | 中性 | 熱していくと黒くこげる |
| アルコール水 | アルコール | 液体 | 中性 | 特徴的なにおいがある |
| 酢酸水 | 酢酸 | 液体 | 酸性 | 刺激臭 |
| ホウ酸水 | ホウ酸 | 固体 | 酸性 | ろ過で取り出すことが多い |

たとえば「塩酸は？」と聞かれたら、「塩化水素という気体の溶けた酸性の水溶液で、刺激臭がある」と答えられるように。「食塩水は？」と聞かれたら、「食塩という固体の溶けた中性の水溶液で、中性なのに電気を通す」と答えられるようになるまで、しっかり暗記してくださいね。

化学の計算問題は水溶液と関連して出ることが多いのですが、計算問題が苦手になる原因の多くは、この表の内容をしっかり覚えていないことにあります。

問題を解く前提として、この知識が必要なのです。どうせ覚えなくてはならないなら、まとめてしっかり覚える。考えればわかるところは覚えない。これが、学習の基本です！



この表の暗記が終わってから、続きを学習していきましょう。

もう一度言いますが、これができていないと、結局は計算問題もできないのです。

## 水溶液を蒸発させると何が残る？

溶質については、「水溶液を蒸発させていくとどうなるか」が重要です。

たとえば炭酸水。熱すると、途中で二酸化炭素が空気中に出ていってしまいますね。水が蒸発したあとには何も残りません。アルコール水の場合も、水が蒸発していくのと一緒に、アルコールも蒸発してしまいます。

つまり、**溶質が気体と液体の水溶液は、熱すると何も残りません。**

●溶質が気体と液体の水溶液
→熱すると何も残らない

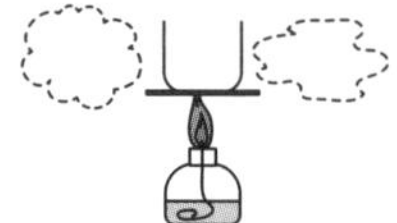

●溶質が固体の水溶液
→熱すると固体が残る

水溶液を蒸発させると何が残る？

それに対して、固体を溶かした水溶液を熱すると固体が残ります。

ほとんどは白い固体ですが、**砂糖水**を熱した時には**黒い固体が残ります**。

砂糖は炭素が含まれたもの（有機物）だからです。

炭素は覚えていますか？　ろうそくの内炎で熱せられていた「すす」は炭素の粒で、木炭は炭素のかたまりでしたね。あの炭素です。

### 化学のミニCOLUMN

有機物と無機物。言葉だけ聞くと難しく感じますが、とりあえず炭素が含まれているものが有機物、それ以外が無機物と思っておけばOKです。

ちなみに、有機を英訳すると、Organic(オーガニック)、炭素は生物由来の物質なので、それを含むものを有機物と呼ぶのです。

砂糖は「炭素・酸素・水素」でできていますが、酸素と水素は蒸発の途中でなくなるので、炭素の黒い固体だけが残ります。

## 水溶液のにおいと色

においは、刺激臭のあるものとそうでないものに分けられます。

**塩酸**・**アンモニア水**・**酢酸水**は、鼻がツーンとするにおいがします。このようなにおいが**刺激臭**です。

アルコール水のにおいは、手を消毒した時にかいだことがあると思います。独特ですが、鼻はツーンとしないので、刺激臭とは言いません。

ところで、においを確かめる時にはどうすればいいでしょうか？　何の水溶液かわからない状態で、クンクンかぐのは危険です！

たとえば塩酸を思いきり吸って、鼻水に塩化水素が溶けたら、おそろしいことに鼻の中で塩酸ができてしまいます。

だから、水溶液のにおいをかぐ時は**直接かいではいけません**よ。**手であおぐようにしてかぐ**のが正しいやり方です。

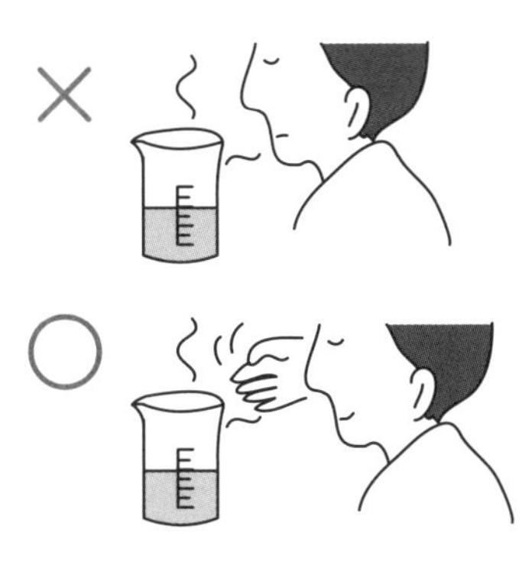

水溶液のにおいを確かめる方法

ほとんどの水溶液は無色透明ですが、色がついている水溶液も少しだけあります。**硫酸銅水溶液**は、**青色**をしています。色はついているけれど、水溶液ですから、もちろん透明ですよ。

塩化コバルトは、水に溶かす前は青いのですが、水溶液になると赤色になります。この変化を利用したものが塩化コバルト紙です。

## 酸性・アルカリ性・中性

水溶液は酸性、アルカリ性、中性という三つの性質に分けることができます。

ちなみに、酸性はすっぱい味がします。レモンの汁はすっぱいから酸性です。先生も、過去には実際に舐めて酸性かどうかを判断していたことがありました。危ないから、みんなは絶対やっちゃダメですよ！

アルカリ性は、一般的に苦い味と言われたりもします。

ただ、そもそも人間は強いアルカリ性のものを口にする機会はほとんどありません。苦いという感覚も人それぞれ違うので、「この世のものとは思えないような味」と言ったほうがいいかもしれませんね。口にすると大変なことになります。

砂糖水は甘く、食塩水はしょっぱいですよね。このように、すっぱくもなく、この世のものとは思えない味でもないものが「中性」です。

## 水溶液が何性か調べる方法



先ほども言いましたが、舐めて調べるのは危険なので絶対にダメです！水溶液が何性か調べる時には、指示薬というものを使います。

これも大切なので、しっかりと覚えましょう。

| | 酸性 | | 中性 | アルカリ性 | |
|---|---|---|---|---|---|
| リトマス紙 | 赤→赤<br>青→赤 | | 赤→赤<br>青→青 | 赤→青<br>青→青 | |
| BTB液 | 黄 | | 緑 | 青 | |
| 紫キャベツ液 | 赤 | ピンク | 紫 | 緑 | 黄 |
| フェノールフタレイン液 | 無色 | | 無色 | 赤 | |

**リトマス紙には、赤リトマス紙**と**青リトマス紙**があり、二つをセットで使います。リトマス紙は**酸性の液体をつけると赤く**なり、**アルカリ性の液体をつけると青になる**という性質があります。

たとえば、赤リトマス紙を液体につけても変化しない場合、その水溶液は酸性と中性の可能性があります。リトマス紙の赤と青の両方を使うことで、液体の性質がわかるのです。

**BTB液**は、**酸性の時は黄色**、**中性の時は緑色**、**アルカリ性の時は青色**に変化します。とっておきの覚え方を教えますので、ぶつぶつ言いながら覚えてくださいね。

- **BTB液**

「**ベトベト**したのは　**き**　**み**　の　**せい**」
**BTB**　**黄**　**緑**　**青**

話を戻しましょう。**紫キャベツ液**は、スーパーで売っている紫キャベツや赤キャベツを水でゆでればできます。

この指示薬は、強酸性→弱酸性→中性→弱アルカリ性→強アルカリ性の5段階で色が変化します。ただ、その変化の境目がはっきりしないため、使いにくい指示薬とも言えます。

色の変化は、**強い酸性は赤**、**弱い酸性はピンク**、**中性は紫**、**弱いアルカリ性は緑**、**強いアルカリ性は黄**です。

ここでまた、とっておきの覚え方を紹介しておきましょう。

> **• 紫キャベツ液**
>
> 「**赤**　**ピン**　**村**　の　**緑**　の　**木**」
>
> **赤　ピンク　紫　　緑　　黄**

どうでしょうか。ちなみに、**フェノールフタレイン液は、アルカリ性の時だけ赤色で、酸性・中性の時は無色透明**です。

## 電解質と非電解質

水に溶(と)かした時に電気を通すものを**電解質**、電気を通さないものを**非電解質**と言います。

基本的に非電解質は中性のものです。例外で覚えておいたほうがいいものは食塩水です。他にも中性なのに電気を通す水溶液(すいようえき)もありますが、中学受験では出ません。

まずは、「**酸性とアルカリ性は電気を通す。中性は食塩水だけ通す**。」と覚えておけばOKです。

ちなみに、本当に純粋な水は電気を通しません。しかし、自然界に存在する水は、たいてい何かが溶(と)けているので、電気を通すのです。

### 化学のミニCOLUMN

電気の話が出てきたので、少し電気について説明しておきましょう。

電気と聞くと、コンセントや乾電池から得られる特別なものと思うかもしれませんが、じつはすべての「もの」は電気を持っています。「隠し持っている」といったほうがよいかもしれません。身の回りにある「もの」は、普段(ふだん)プラスの電気とマイナスの電気を同じ数だけ持っており、その「もの」の中だけで電気的にバランスが取れて安定しています。

それを専門的には「電気的に中性の状態」と呼ぶのですが、簡単に言えばプラスでもマイナスでもない状態、「電気を帯びていない状態」ということ。その状態の「もの」に触(ふ)れてもパチッとはしないので、普段(ふだん)「もの」が電気を隠し持っていることに気がつかないのです。

異(こと)なる「もの」同士が強く接触すると、一方からもう一方へ電気が移動してしまい、バランスが崩(くず)れる時があります。その移動してしまう電気を「電子」と言います。接触の結果、一方は「電子」が多くなり、一方は「電子」が少なくなるのです。
この電子のバランスが崩（くず）れた状態が「帯電」です。別の言い方をすれば「静電気」が発生したということです。下敷きを頭にこすると髪が下敷きに引きつけられますよね。これは、積極的に「もの」同士を接触させて、「静電気」つまり「電気を帯びた状態」をつくり出すことで起こっている現象です。
静電気には、プラスに帯電した「プラスの静電気」と、マイナスに帯電した「マイナスの静電気」が存在します。どちらもバランスの取れていない電気的に不安定な状態です。この不安定な二つの状態の「もの」が近づいて、電子が元に戻ろうとする時に起こる現象が「放電」です。この時、「もの」と「もの」の間に電流が発生します。



では、最後に入試を解いて終わりにしましょう。

## 難関中学の過去問トライ！ (開成中学)

1　次にあげるア～オの水よう液について、以下の問いに答えなさい。
ア　アンモニア水　　イ　塩酸　　ウ　水酸化ナトリウム水よう液
エ　食塩水　　オ　炭酸水

問1　においをかぐとき、どのようにすればよいですか。簡潔に答えなさい。

問2　においをかいだとき、においのするものはどれですか。においのするものをア～オ の水よう液の中からすべて選び、記号で答えなさい。

問3　赤色リトマス紙につけると、リトマス紙の色が赤から青になるものはどれですか。ア～オの水よう液の中からすべて選び、記号で答えなさい。

問4　イ～オの水よう液にアルミニウムを入れるとアルミニウムがとけるものはどれですか。とけるものをイ～オ の水よう液の中からすべて選び、記号で答えなさい。

問5　エとオの水よう液をそれぞれ沸（ふっ）とうさせて、さらにしばらく加熱し続けました。その後、残った液体を冷やして、その中に石灰水を入れました。結果の組み合わせとして適当なものを、次のa～dの中から1つ選び、記号で答えなさい。

| | a | b | c | d |
|---|---|---|---|---|
| エ　食塩水 | 白くにごる | 白くにごる | 変化なし | 変化なし |
| オ　炭酸水 | 白くにごる | 変化なし | 白くにごる | 変化なし |

## 解説

問1　本文でも書いたように、**手であおぐようにしてかぐ**が正解です。

問2　正解は**ア**・**イ**です。どちらも刺激臭がしますね。

問3　指示薬をしっかり理解できていれば、アルカリ性の水溶液(すいようえき)がどれかを問われているということがわかります。**ア**・**ウ**が正解ですね。

問4　これは「水と空気」の復習問題ですね。わからなかった人は水素が発生する組み合わせの表を確認しましょう。正解は**イ**・**ウ**です。

問5　石灰水は二酸化炭素と反応すると白くにごるのでcを選びたくなりますが、正解は**d**です。炭酸水は二酸化炭素という気体の溶(と)けた水溶液(すいようえき)なので、加熱していく途中で蒸発してなくなってしまうからです。

# ものの溶け方

### 「溶ける」を使う三つの場面

今回は、ものの溶(と)け方について学習していきますよ。

理科で「溶(と)ける」を使う場面は、大きく分けて三つあります。

- 氷が**溶(と)ける**
- 金属が塩酸に**溶(と)ける**
- 食塩が水に**溶(と)ける**

「氷が溶(と)ける」は、固体から液体へと“状態変化”するということです。

「金属が塩酸に溶(と)ける」は、塩酸が金属を“別のものに変化”させることです。その過程で水素が出てきます。

「食塩が水に溶(と)ける」が、これから勉強していく「溶(と)ける」です。水は酸素と水素でできていることを覚えていますか？

食塩は「塩化ナトリウム」という塩素とナトリウムでできた結晶(けっしょう)です。水に入ると

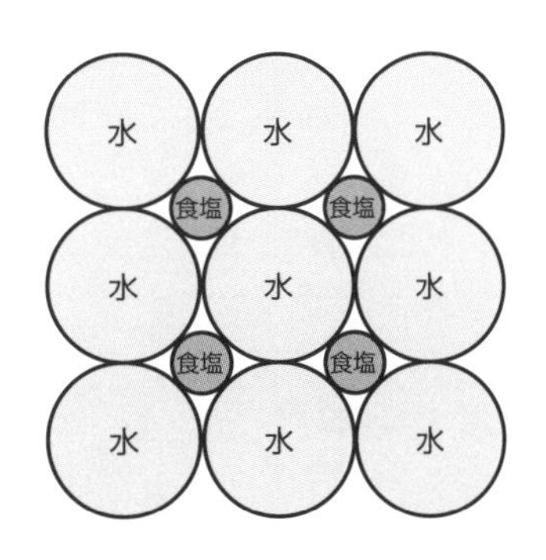


水と水の間にバラバラになった食塩が隠れていくイメージ

バラバラになって水のすき間に隠れてしまうので、目に見えなくなります。“かくれんぼ”をイメージしてみてください。

**化学のミニCOLUMN**

水分子は、水素原子2個と酸素原子1個が「共有結合」してできた化合物です。それに対して、食塩の結晶(けっしょう)は塩素原子とナトリウム原子が「イオン結合」してできた化合物です。

イオンとは「電子」の過剰や欠損によって帯電した原子のことで、食塩の結晶(けっしょう)はマイナスに帯電した塩素原子と、プラスに帯電したナトリウム原子が「電気的に引きつけ合うこと(イオン結合)」でできています。日本では、マイナスに帯電したものを「マイナスイオン」などと言ったりしますね。

さて、181ページでも解説したように、純粋な水は電気を通しません。これは水分子が電気的に中性だからです。ただ、水分子を構成する水素原子と酸素原子のレベルで見ると、二つの原子の電子を引きつける力には少しの差があります。その結果、ほんのわずかですが酸素原子はマイナスに、水素原子はプラスに帯電しています。

食塩の結晶(けっしょう)が水に入ってくると、マイナスに帯電した塩素は水素に、プラスに帯電したナトリウムは酸素に引きつけられ、食塩の結晶(けっしょう)のイオン結合がはがれます。こうして食塩の結晶(けっしょう)が少しずつ溶(と)け、“かくれんぼ”が開始されるんですね。

176ページで、「水に溶(と)ける」の定義は、次の三つの条件を満たす必要があると教えたのを覚えていますか？

- **透明であること**
- **液のどの部分でも濃さが均一であること**
- **時間がたっても溶(と)けたものが沈殿(ちんでん)しないこと**

また、「固体が溶(と)けた水溶液(すいようえき)を蒸発させると固体が出てくる」という話もしました。水が減って隠れる場所が少なくなったので、固体になって出てきたのです。

隠れる場所は水の温度にも大きく影響(えいきょう)されるので、ここからはその話をしていきますよ。

## 温度と溶解度

知っての通り、砂糖や食塩は水の温度が高いほうがよく溶(と)けます。
ただ、その変化の度合いは物質によって違(ちが)います。
一定量の水に溶(と)ける固体の限度量を、**溶解度(ようかいど)**と言います。

ホウ酸と食塩を100 gの水に溶かした時には、温度によって溶ける限度量がどのように変化するでしょうか？　次のグラフを見てください。

**ホウ酸は水の温度が上がると、限度量がぐっと増えている**のがわかりますね。それに対して、**食塩は、水の温度が上がってもあまり限度量は変わりません**。

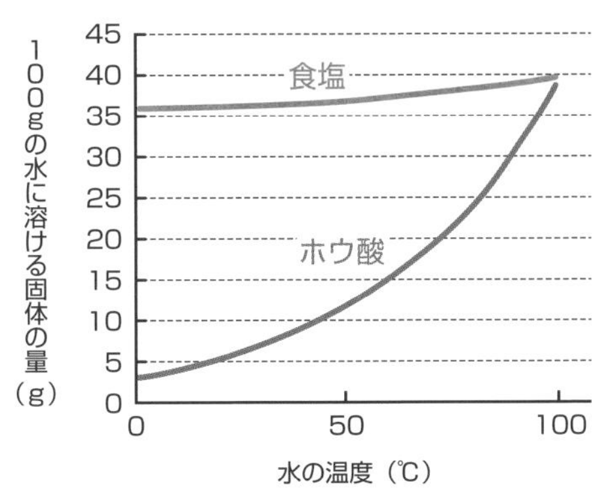


100ｇの水にホウ酸と食塩を溶かした時、限度量は温度によってどう変化するか？

つまり、**ホウ酸は温度による溶解度の変化が大きい**のに対して、**食塩は温度による溶解度の変化が小さい**のです。

この溶解度の変化の大小が、水溶液から食塩やホウ酸の固体を取り出す時の方法に大きく関係します。

**化学のミニCOLUMN**

白い食塩が水に溶けると、なぜ透明になるのでしょうか？

たとえば、透明なガラスは割れると白く見えます。これは、割れたガラスにたくさんの面ができて光を乱反射するから。割れたガラスを触ると指を切ってしまうのは、たくさんの小さな面ができたためです。

食塩も結晶の状態ではたくさんの面があるので光を乱反射して白く見えます。でも水の中で分解されると、水と一体になり、面がなくなって、まるで丁寧につくられたガラスのように透明になるのです。

## 水に溶けている固体を取り出す二つの方法

水に溶けている固体を取り出すには、大きく分けて二つの方法があります。それが**ろ過**と**蒸発**です。

普通、固体は水の温度が高いほうがよく溶けますよね。

では、高温にした水に固体をいっぱい溶かして、そのあと温度を下げたらどうなるでしょうか？

**水の温度が下がって溶ける量が減る**から、**溶けきれなくなった固体が出てきます**。

でも、水の底のほうに出てきた固体を、何かでつまんで取り出すのは簡単ではありません。その時に使う方法が「ろ過」です。

ただし、食塩をろ過で取り出すのはとっても非効率的だっていうことは、わかりますか？

さっきのグラフを見てわかるように、**食塩は水の温度を下げても溶ける量があまり変わらない**からですね。わざわざ高温にして溶かしてから冷えるのを待っても、あんまり固体が出てこないのでは意味がありません。

そのため、ホウ酸のように**温度による溶解度の変化が大きい固体**を取り出す時には**ろ過**を、食塩のように**温度による溶解度の変化が小さい固体**を取り出す時には**蒸発**をよく使うのです。

ちなみに、**砂糖を取り出す時は、必ずろ過で取り出します**。

これは、砂糖には炭素が含まれているので、加熱すると真っ黒こげになってしまうからです。

食塩は、塩素とナトリウムでできた結晶です。水に入るとバラバラになって水のすき間に隠れてしまいます。つまり、溶けきれなくなった固体が出てくるという現象は、食塩の視点で考えると、一度バラバラになった結晶が再び、もとの結晶に戻ることを意味します。このように、溶けていたものが再び結晶となって出てくることを再結晶と言います。

## ろ過の手順

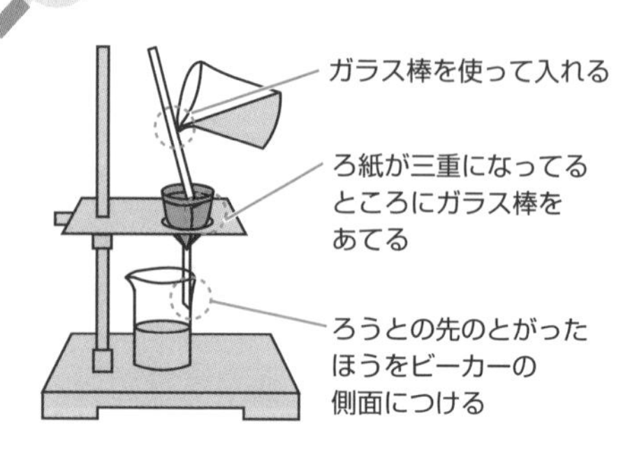


ろ過をする時は、左図のように行います。図に書き込んだ注意点はテストでよく聞かれますよ。必ず覚えてくださいね。

ろ過をする時に使うのが、**ろ紙**と**ろうと**です。

ろ紙は、コーヒーをつくる時に

使うフィルターをイメージするといいかもしれません。ろ紙の繊維のすき間はとても狭いので、液体と固体を分離できるのです。結晶だけが、ろ紙の上に残ります。

もちろん、**水に溶けているものは、水と一緒にろ紙を通過します**。水のすき間で“かくれんぼ”できるくらい小さくなっているからです。

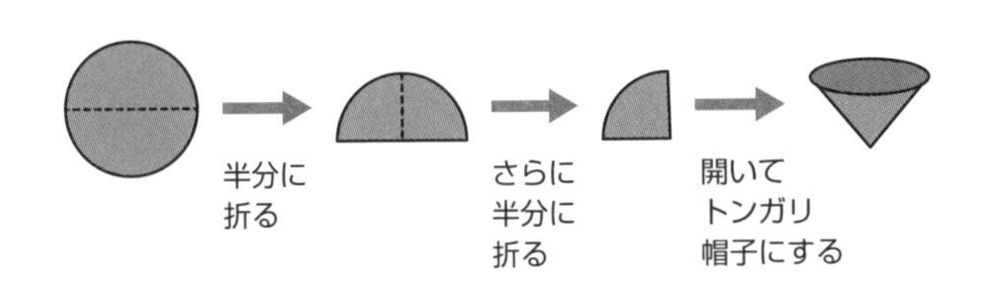


ろ紙は、ろうとの形に合うようにトンガリ帽子みたいな形（円錐形）にして使います。ろうとにはめた時に、**ろうとより1㎝くらい小さくなる**大きさのものを選ぶといいでしょう。

ろ紙をろうとにはめる時には、ろ紙とろうとのすき間をなくすために**ろ紙を水で濡らして貼りつけ**てください。

## ろ過をする時の重要ポイント

ろ紙とろうとの準備ができたら、ビーカーを下に置いてセットします。先ほどの図にもありますが、この時、とても大事なポイントがあるのです。

それは、**ろうとの先のとがったほうを、ビーカーの側面につけなければいけないということ**。こうすることで、液体はビーカーの壁をつたって落ちていきます。

なぜそのようにするのか、二つの理由があります。

一つは、**実験を効率的に短時間で進めるため**。ビーカーの側面をつたわらせると、注いだ液体からビーカーの底まで連続した水の柱ができます。

こうすることで、水の集まろうとする力（凝集力）が働き、早く液体が落ちていくのです。

もう一つは、**注いだ液体が飛び散るのを防ぐため**。真ん中にポタポタ注いで液体が飛び散るとよくないですからね。

ちなみに、液体を注ぐ時は、ガラス棒を**ろ紙の三重になっているほう**に軽くあてます。重なっていない1枚のところは破れやすいからです。

注ぐ液体の目安は、だいたい**ろ紙の八分目まで**にしましょう。

多すぎると、液面がろ紙を超えてあふれてしまいますからね。

## 固体と気体、液体の温度と溶解度の関係

さて、当たり前のように固体は水の温度が高いほうがよく溶けると話してきましたが、じつは例外もあります。「例外きたー！」ってなりましたか？

そうです。例外はよくテストで出ますよ。

せっかくなので、固体以外もポイントをまとめて表にしておきました。

● **温度と溶解度**

| 溶質 | 固体 | 気体 | 液体 |
|---|---|---|---|
| 水の温度 | 温度が高いほうがよく溶ける<br>例外<br>水酸化カルシウム<br>（消石灰） | 温度が低いほうがよく溶ける | 温度は関係ない<br>（アルコールのようによく溶ける液体と油のように溶けない液体がある） |
| イメージ | 紅茶に砂糖を入れる | 炭酸飲料 | 「水割り」と「油」 |

表には、**固体は温度が高いほうがよく溶ける**けれど、**気体は温度が低いほうがよく溶ける**と書いてありますね。ただ、あらためて覚える必要はありません。みんなはそのことをもう知っているはずだからです。

たとえば、砂糖や食塩のような**固体は温度が上がるほどたくさんの量が溶けます**が、そんなことは常識ですよね？

逆に、**気体の場合は、水の温度が上がるほど溶ける量が少なくなります**。これは、炭酸飲料がぬるくなると炭酸が抜けてしまうのを思い出せばわかりますね。炭酸飲料は、二酸化炭素が溶けたものです。

冷たいほうが炭酸がいっぱい溶けるから、冷やして飲むのです。試しに温めると、単なる甘いお湯ができあがります。まずいですよ。

固体の例外の**水酸化カルシウム**は重要です！　絶対覚えましょう。

水酸化カルシウムは**消石灰**とも呼ばれ、これが水に溶けたものが**石灰水**です。よく地学で習う石灰石が溶けたものと勘違いする人がいますが、まったく別ものです。

**石灰石の主成分は炭酸カルシウムで、水に溶けません**。**石灰水は、消石灰（水酸化カルシウム）が溶けたアルカリ性の水溶液**です。

## 液体には温度と関係なく、溶ける液体と溶けない液体がある

**液体に関しては、よく溶ける液体と溶けない液体がある**ことを知っておいてください。

たとえば、お酒を水で薄めて飲む「水割り」という飲み方がありますが、たくさんの水にお酒を１滴入れたら薄い水割りが、水１滴にお酒をたくさん入れたら濃い水割りができるだけです。

溶けるというよりは、「混ざる」イメージでしょうか。

水と混ざらない液体の代表が油です。ドレッシングは、しばらく放っておくと油が分離しているのを、みんなも見たことがありませんか？

**化学のミニCOLUMN**

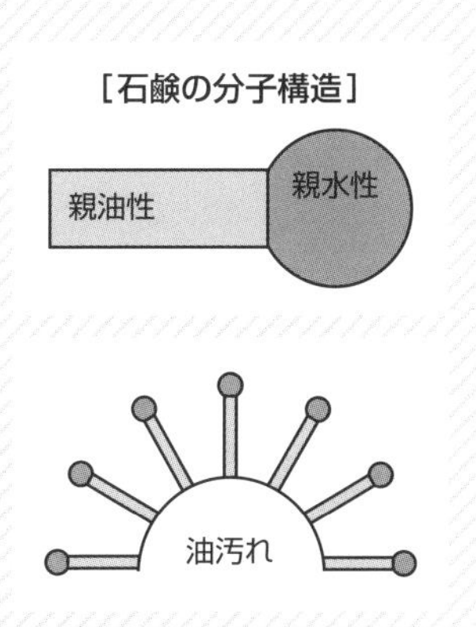


水と混ざりやすい性質を親水性、混ざりにくい性質を親油性(疎水性)と言います。親水性のもの同士、親油性のもの同士はよく混ざりますが、親水性のものと親油性のものは混ざりません。手についた油汚れを水で洗っても落ちないのはそのためです。

石鹸の分子はマッチ棒のような形をしていて、片側が親油性を反対側が親水性を持つ不思議な構造をしています。このような構造を持つものの総称が、「界面活性剤」です。

石鹸を使うと、まず石鹸分子の親油性を持つ部分が油汚れと混ざります。そのあとに水を流すと、今度は親水性を持つ部分が水と混ざり、油汚れごと洗い流してしまうのです。

## 蒸留

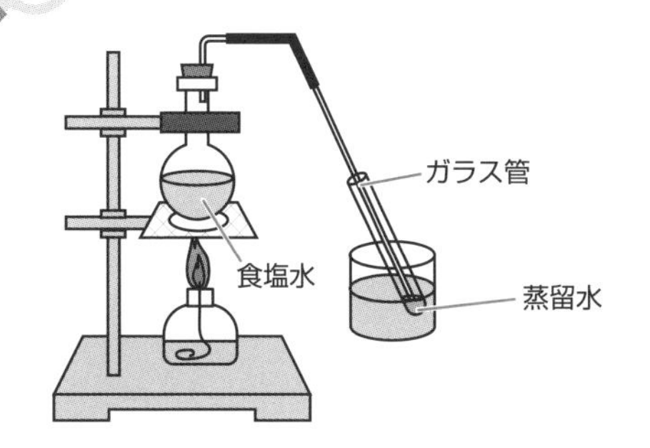


水溶液から固体を取り出す方法には、ろ過と蒸発がありましたね。

蒸発は固体を取り出すだけですが、左の図のようにすればろ過のように固体と液体を分離することもできます。これを**蒸留**と言います。

食塩水を入れた丸底フラスコを熱すると、食塩水が沸騰します。

水は沸騰して水蒸気になるので、食塩水はどんどん濃くなり、最後には固

体の食塩が出てきます。ここまでは蒸発で固体を取り出すのと同じですね。
水蒸気はそのままにせず、ガラス管を通して試験管に送り、冷やしてまた水に戻すことで、純粋な水だけを集めます。これが**蒸留**です。

## 結晶の形

代表的な結晶の形は覚えてしまいましょう。

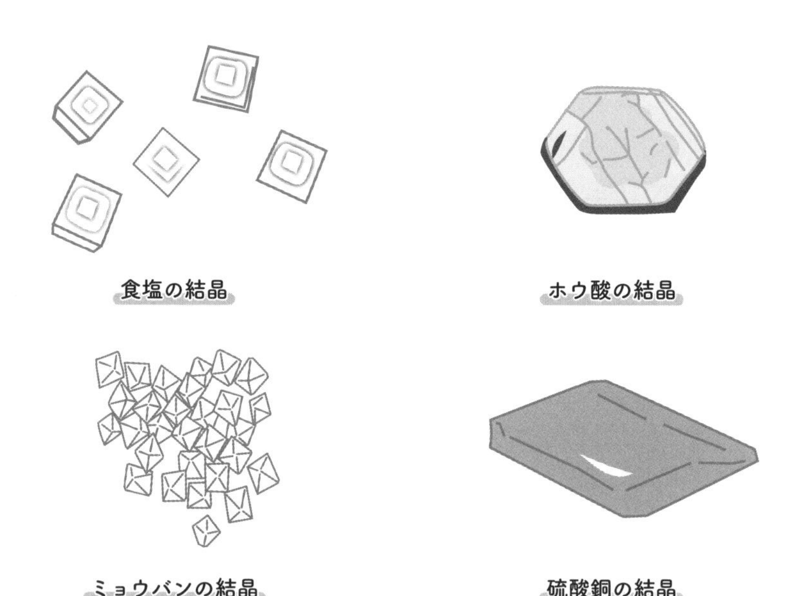


**食塩の結晶**は、立方体。立方体の正方形の中には、正方形の模様がたくさんあります。**ホウ酸の結晶**は、上から見ると六角形です。
よく試験に出るのは、この二つです。
**ミョウバンの結晶**は、正八面体の形をしています。
**硫酸銅の結晶**は、上から見ると平行四辺形。きれいな青い色です。

さて、ここで入試問題に挑戦してみましょう。

### 難関中学の過去問トライ！（灘中学）

水に溶ける物質A、B、Cを用意しました。それぞれ水100gに溶ける最大量(g)と温度との関係は次の表のようになっています。以下の問いに答えなさい。ただし割り切れない数値の場合は、小数第二位を四捨五入して、小数第一位まで答えなさい。

| 温度(℃) | 0 | 10 | 20 | 30 | 40 | 60 | 80 |
|---|---|---|---|---|---|---|---|
| 水100gに溶けるAの最大量(g) | 29.0 | 31.0 | 34.0 | 37.0 | 41.0 | 46.0 | 51.0 |
| 水100gに溶けるBの最大量(g) | 13.5 | 22.0 | 31.5 | 45.5 | 64.0 | 109.0 | 169.0 |
| 水100gに溶けるCの最大量(g) | 37.6 | 37.7 | 37.8 | 38.0 | 38.5 | 39.0 | 40.0 |

**問1　60℃のAのほう和水溶液の濃度は何%になりますか。ただし、Aのほう和水溶液とは、これ以上Aが溶けない状態の水溶液のことをいいます。**

**問2　60℃のAのほう和水溶液が100gあります。この水溶液の温度を上げて水を蒸発させました。その後、20℃まで冷やすとAの結晶が17g出てきました。何gの水を蒸発させましたか。**

## 解説

問1　100gの水に46.0 gのAが溶けていることになるので、この水溶液の濃度は46.0 ÷（100 + 46.0）× 100 = 31.506…となり31.5%になります。算数でも習うように、濃度を出す時は全体の重さが分母になることに注意してくださいね。

問2　牛丼のところでも話しましたが、理科の計算は**基準となる数（過不足なくつくれる数字）を探して、それを四角で囲むゲーム**です。問題は60℃の飽和水溶液100 gについて問われていますが、これをまとめると下のようになります。

| 物質A | 水 | 水溶液 |
|---|---|---|
| 46.0 | 100 | 146.0 |
| ？？ | ？？ | 100 |

今回問われているのは飽和水溶液100gについてなので、四角で囲んだものと同じ割合になるように、物質Aの量と水の量を計算します。

| 物質A | 水 | 水溶液 |
|---|---|---|
| 46.0 | 100 | 146.0 |
| 31.5 | 68.5 | 100 |

次に結晶が17 g出てきたので、今溶けている物質Aは、
31.5 － 17 = 14.5 gです。

表を見ると20℃の水に溶ける物質Aは34.0gなので、まとめると下のようになります。

| 物質A | 水 | 水溶液 |
| --- | --- | --- |
| 34.0 | 100 | 134.0 |
| 14.5 | ？？ | ？？ |

四角と同じ割合になるように水の量を計算すると、
100 × 14.5 ÷ 34 ＝ 42.64…となり、42.6 gです。
もともとの水の量は68.5 gだったので、68.5 － 42.6 ＝ 25.9 gが蒸発した水の量になります。

なお、最初に四捨五入をせずに全部分数で計算すると25.8になりますが、どちらも正解と考えてよいでしょう。



# 水溶液と中和

## 中和とは何だろう？

ここからは「中和」について話をしていきますね。
水溶液のところで、「**酸性**」「**中性**」「**アルカリ性**」の話をしたのを覚えていますか？
このうち、酸性の水溶液とアルカリ性の水溶液を混ぜると、互いの性質を打ち消し合って中性に近づく現象が起こります。これが**中和**です。
ちょうど中性になった時を、**完全中和**と言います。

中和でよく出てくるのが、**塩酸と水酸化ナトリウム水溶液の組み合わせ**です。
強い酸性の塩酸と強いアルカリ性の水酸化ナトリウム水溶液を使うから、中和は何か特別なことと思っている人も多いかもしれませんね。
でも、じつはもっとも身近な現象の一つなのです。

## pHは、酸性とアルカリ性の強さを表す尺度

次の図を見てください。酸性とアルカリ性の強さの表す尺度の一つがpH（ピーエイチまたはペーハー）です。

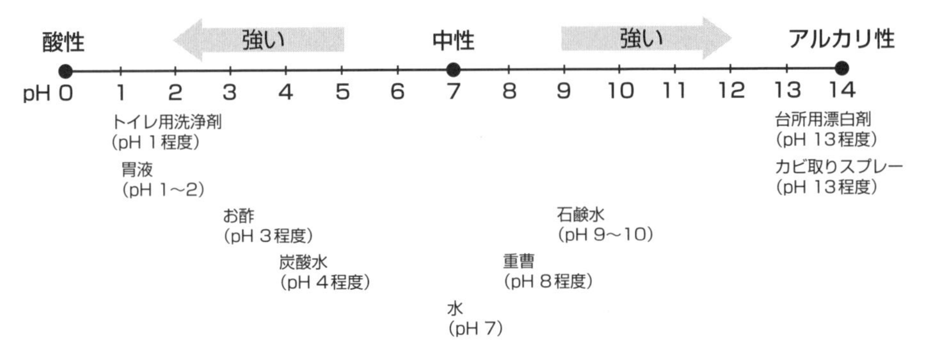


pHで見る酸性とアルカリ性

pHは7の時が中性で、それより数字が小さい時は酸性、大きい時はアルカリ性を表します。値が1違うと、強さは10倍変わります。pH 3未満が強酸性、3以上を弱酸性、7は中性で、11以下が弱アルカリ性、11を超えると強アルカリ性です。

## 洗剤や石鹸水など身近なもののpHには、理由がある

図には、身近にありそうなもののpHを書いておきました。

たとえば、トイレ用洗浄剤はpH 1の強酸性です。「混ぜるな危険！」と書いてあるタイプですね。

なぜ、強酸性なのか？　それは、尿汚れがアルカリ性だからです。

じつは尿自体は弱酸性で、においはほとんどありません。尿に含まれる尿素は雑菌などに分解されるとアンモニアに変わります。それがにおうのです。

公衆トイレなどで不意に鼻をつく「ツーン」とした刺激臭の正体は、アンモニアの刺激臭だったのですね。アンモニアはアルカリ性でした。だから、酸性の洗浄剤で中和して汚れを落とすというわけです。

生活の中には、中和反応に関係するものがたくさん隠れています。

石鹸は、水と油を混ざりやすくする作用で油汚れを落とすもの。普通の石鹸水は、pH 9〜10の弱アルカリ性です。

一方、健康な皮膚の表面は弱酸性なので、アルカリ性の石鹸水に長い時間

触れているとよくありません。だから、台所で使う食器用の洗剤は中性洗剤になっています。「ハンドソープは弱酸性のものがお肌に優しい」と言われるのも、同じ理由からです。

皮膚の表面は酸性ですから、皮膚から出る皮脂汚れも酸性です。だから、衣服についた皮脂汚れを落とす洗濯用石鹸は、アルカリ性のほうが洗浄力が高いと言われています。

先生は洗濯用の粉石鹸で髪を洗ってみたことがありますが、ビックリするほど髪がゴワゴワになりました。健康な髪の毛はpH 5程度の弱酸性なのでゴワゴワになるのも当然ですね。その後、試しにお酢をかけたら、またツヤツヤに戻りました。楽しかったけれど臭かったので、それ以来やっていません…。

市販のシャンプーは中性に近い酸性なので、使用するとすごいゴワゴワになるわけではありませんが、pH 5よりは中性に寄ってしまいます。それを、pH 5程度に戻すコンディショナーは酸性なのです。

洗濯する時に使う柔軟剤は弱酸性です。洗濯石鹸でアルカリ性になった衣服はゴワゴワするので、酸性に戻してあげるというしくみです。

最初からアルカリ性と酸性を混ぜてしまうと、せっかくの作用を打ち消し合ってしまいます。だから、洗濯機に入れる場所は洗剤と柔軟剤は別々になっているんですね。

柔軟剤の代わりにお酢を入れても、服がフカフカになりそうな気がしますが、臭くなりそうなので、まだ試していません。

では、中和反応が生じている現場では、いったいどんなことが起こっているのでしょうか？　次はそこをくわしく解説していきますよ。

## 中和反応

酸性の水溶液とアルカリ性の水溶液を混ぜると、お互いが反応して**塩（えん）**と水が生成されます。同時に、その反応にともない発生する熱を**中和熱**と言います。

つまり、中和が起きている時の水溶液の温度はどんどん上がっていくのです。

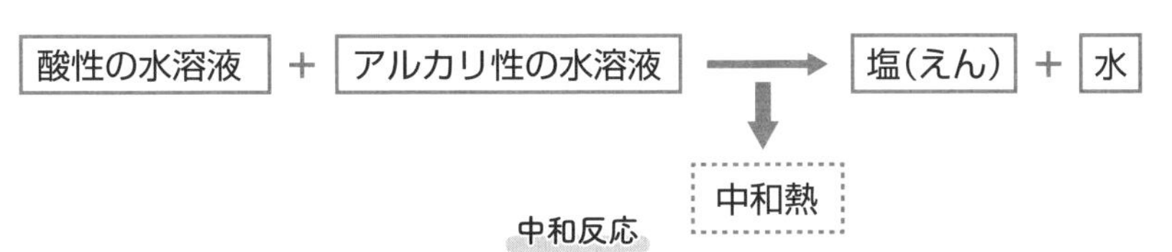


中和反応

どんな塩が生成されるかは、「酸性の水溶液」と「アルカリ性の水溶液」の組み合わせによって変わります。テストで出るのは次の二つです。

- **塩酸と水酸化ナトリウム水溶液の中和でできる塩が塩化ナトリウム**
- **炭酸水と石灰水の中和でできる塩が炭酸カルシウム**

塩化ナトリウムは食べられる塩なので、「食塩」と呼ばれています。

食塩は水によく溶けるので、塩酸と水酸化ナトリウム水溶液が反応してできた食塩は、できたそばから水に溶けていきます。そのため固体は見えません。

一方、炭酸水と石灰水が反応してできた炭酸カルシウムは水に溶けないので、固体を目で見ることができます。これが、石灰水に炭酸水（二酸化炭素が水に溶けたもの）を入れると白くにごるという現象です。

これまで何度も出てきていた「石灰水が白くにごる」という現象は、中和反応だったのです。

## 塩酸と水酸化ナトリウムからできた塩の量を調べる実験

食塩は水に溶けると目に見えないので、塩酸と水酸化ナトリウム水溶液を中和させる実験では、反応後に水を蒸発させて、残った固体の量を調べます。その時、よく下のようなグラフが出てきます。

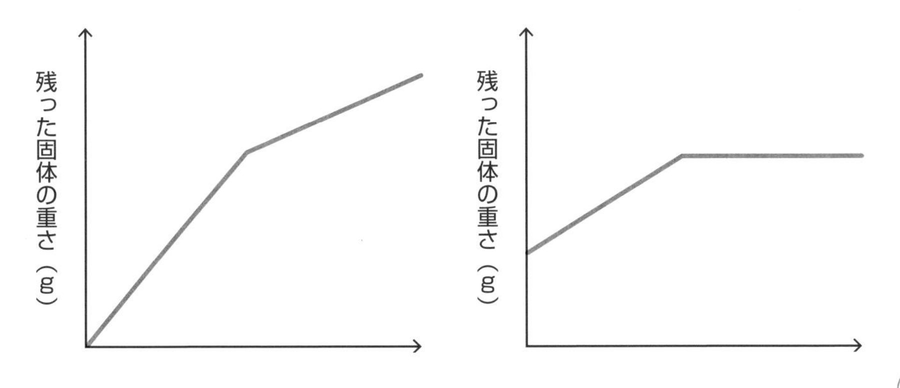

左が「塩酸に水酸化ナトリウム水溶液を加えていった時のグラフ」、右が「水酸化ナトリウム水溶液に塩酸を加えていった時のグラフ」です。

ここで、「あー。なるほどっ！」ってならないと、計算問題はできませんよ。グラフがなぜ違うのかもわからないのに、計算問題ができるはずがありませんからね。

注目したいのは、右のグラフでは最初から残った固体があるという点です。塩酸は塩化水素という気体が溶けているので、中和反応の前に水を蒸発させても固体は何も残りません。それに対して、水酸化ナトリウム水溶液は、水酸化ナトリウムという固体が溶けているので、中和反応の前に水を蒸発させても固体が残るのです。

残る固体を、食塩と水酸化ナトリウムで色分けして書いてみました。テストでは色分けはされていませんが、頭の中でこの色分けが見えてくるようになったらこっちのものです。

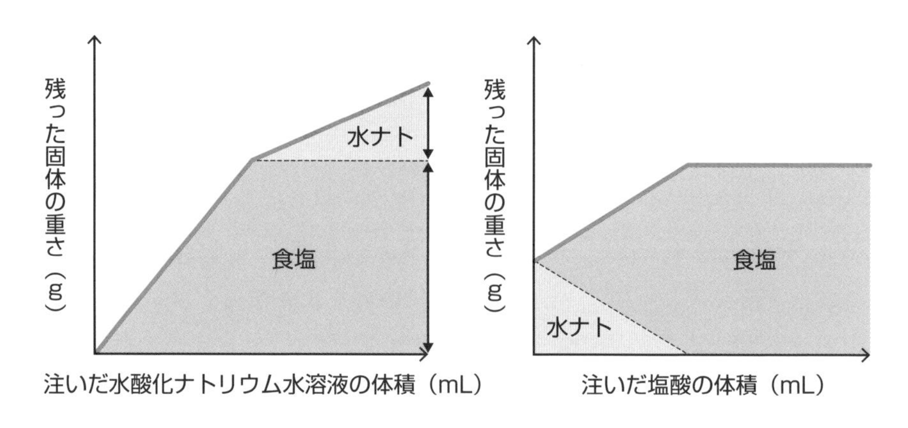


もっと前のページで、先生が「化学の計算問題が苦手な子の原因の多くが、水溶液の表をちゃんと覚えていないからだ」と言ったのを覚えていますか？

塩酸は「塩化水素という気体の溶けた酸性の水溶液」、水酸化ナトリウム水溶液は「水酸化ナトリウムという固体の溶けたアルカリ性の水溶液」です。

これを覚えていないと、グラフの意味もわかりません。

まだ覚えきれていなかった人は、もう一度あの表を暗記し直しましょう！

今回も最後に入試問題に挑戦してみますよ。

## 難関中学の過去問トライ！ （女子学院中学）

【実験２】７つのビーカーに塩酸Ａと水酸化ナトリウム水溶液Ｂを下の表のように混ぜ、合計を30㎤とした。えにBTB液を加えると緑色になる。

| | あ | い | う | え | お | か | き |
|---|---|---|---|---|---|---|---|
| 塩酸Ａの体積〔㎤〕 | 30 | 25 | 20 | 15 | 10 | 5 | 0 |
| 水酸化ナトリウム水溶液Ｂの体積〔㎤〕 | 0 | 5 | 10 | 15 | 20 | 25 | 30 |

あ～きにそれぞれアルミニウム1gを加えたとき、発生した気体の体積をはかって、下のようなグラフをつくった。

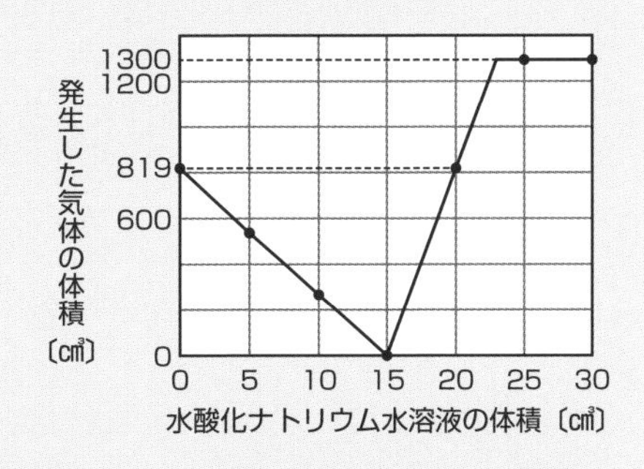


４　アルミニウムを入れる前の液を赤色リトマス紙につけるとリトマス紙が青色になる液をあ～きから選びなさい。

５　あ～きにアルミニウム1gを加え気体が発生しなくなったときに、アルミニウムが残らない液をあ～きから選びなさい。

６　えにアルミニウムを加えたのち、上澄み液を蒸発皿にとって加熱し、水を蒸発させたところ、食塩（塩化ナトリウム）だけが残った。

次の①～⑤の上澄み液をとって加熱し、水を蒸発させたときに残るものをア～エから選びなさい。残るものが何もないときは×をかきなさい。ただし、塩酸や水酸化ナトリウム水溶液にアルミニウムがとけたときには水に溶ける固体ができる。

①アルミニウムを加える前のあ
②アルミニウムを加える前のう
③アルミニウムを加える前のお
④アルミニウムを加えて反応が終わった後のう
⑤アルミニウムを加えて反応が終わった後のか

ア　水酸化ナトリウム
イ　食塩（塩化ナトリウム）
ウ　塩酸にアルミニウムがとけてできたもの
エ　水酸化ナトリウム水溶液にアルミニウムがとけてできたもの

4　アルカリ性になっている状態がどれかを問われています。本文で「え にBTB液を加えると緑色になる」と書かれているので、水酸化ナトリウムBの体積がそれより多いものを選びましょう。また、グラフに注目すると水酸化ナトリウム水溶液の量が15の時に気体の発生が0になっています。アルミニウムは、塩酸でも水酸化ナトリウムのいずれでも水素が発生する金属なので、塩酸Aと水酸化ナトリウム水溶液Bは え のように15と15で混ぜると完全中和していることがわかります。
したがって **お**・**か**・**き** が正解です。

5　グラフより、1gのアルミニウムから発生する水素は最大で1300ということがわかります。水素の発生量がそれより少ない場合にはアルミニウムが残ることになるので、正解は **か**・**き** です。

6　①塩酸だけなので、正解は **×** です。
②塩酸と水酸化ナトリウム水溶液が中和してできた食塩が残るので、**イ** が正解です。
③塩酸と水酸化ナトリウム水溶液が10ずつ中和し、水酸化ナトリウムが10残った状態なので、**ア**・**イ** が正解です。
④塩酸と水酸化ナトリウム水溶液が10ずつ中和し、塩酸が10残ったところにアルミニウムを加えたので、**イ**・**ウ** が正解です。
⑤塩酸と水酸化ナトリウム水溶液が5ずつ中和し、水酸化ナトリウムが20残ったところにアルミニウムを加えたので、**ア**・**イ**・**エ** が正解です。

化学の問題は、本問のようにいろいろな分野の知識が問われる問題が多く出ます。でも、求められている知識はどれもこの本で紹介したものばかりです。

ちなみに、6の解説で、いきなり反応した数値と余った数値を書きましたが、当然それを出すためには、**基準となる数字（過不足なくつくれる数字）を探して、それを四角で囲む必要があります**。
今回は15：15という簡単な数字なのでその作業は省略しましたが、化学の計算をする上で常に意識しておいてほしい最重要項目なので、最後にもう一度念押ししておきました。

本文の内容をしっかり理解し、**基準となる数字（過不足なくつくれる数字）を探して、それを四角で囲むこと**さえ意識すれば、化学の問題は怖くありません！

さて、化学の学習はこれにて終了です。
困った時があったら何度も本文を読み直してください。
必ず新しい発見があるはずですからね。
お疲れさまでした!!

**立木秀知（たちき・ひでとも）**

東京都出身。中学受験を経て早稲田実業学校中等部、高等部卒。早稲田大学卒業後、中学受験専門塾ジーニアスの設立メンバーとして参画。講師、生徒、保護者から理科のスペシャリストとして信頼が厚い。「疑問を持った時に頭は回転する」をモットーに、「なぜ、そうなるのか？」という根幹から考えることで暗記量を抑え、初見の問題にも対応できる現場思考力を養う授業を展開している。

中学受験 「だから、そうなのか！」とガツンとわかる

**合格する理科の授業 地学・化学編**

2021年 9月 5日 初版第1刷発行
2023年11月15日 初版第3刷発行

著 者 立木秀知
発行者 小山隆之
発行所 株式会社 実務教育出版
〒163-8671 東京都新宿区新宿1-1-12
電話 03-3355-1812（編集） 03-3355-1951（販売）
振替 00160-0-78270

印刷／株式会社文化カラー印刷 製本／東京美術紙工協業組合


ISBN978-4-7889-1971-6 C6040